Es geht um die Konjunktion von Mathematik und Glück, in diesem Dialog, der eine sehr zugängliche Einführung ins Wesen der Mathematik darstellt und den entscheidenden Einfluss untersucht, den sie zu allen Zeiten auf die größten Philosophen ausgeübt hat. Es wäre laut Badiou ein Irrtum, sich Mathematik und Logik als undankbare und eitle Pflichtübungen vorzustellen, denn die beiden Disziplinen sind unersetzliche Wegweiser, die uns von herrschenden Meinungen befreien und einen Zugang zur Wahrheit, eine menschliche Erfahrung von absolutem Wert, ermöglichen können. Deshalb ist die Mathematik möglicherweise der kürzeste Weg zum wahren Leben, das sich, wenn es denn existiert, durch einen unvergleichlichen Glückszustand zu erkennen gibt.

Alain Badiou, geboren 1937 in Rabat, Marokko, lebt als Philosoph, Mathematiker und Romancier in Paris.

LOB DER MATHEMATIK

PASSAGEN FORUM

Alain Badiou

mit Gilles Haéri

Lob der Mathematik

Aus dem Französischen von
Christian Leitner

Herausgegeben von
Peter Engelmann

Passagen Verlag

Deutsche Erstausgabe
Titel der Originalausgabe: *Éloges des mathématiques*
Aus dem Französischen von Christian Leitner

Cet ouvrage, publié dans le cadre du Programme d'Aide à la Publication (P.A.P.) MUSIL, bénéficie du soutien du Ministère français des Affaires Étrangères et de l'Ambassade de France en Autriche.

Die Deutsche Nationalbibliothek verzeichnet diese Publikation in der Deutschen Nationalbibliografie; detaillierte bibliografische Daten sind im Internet über http://dnb.dnb.de abrufbar.

ISBN 978-3-7092-0284-5

http://www.passagen.at
Grafisches Konzept: Gregor Eichinger
Satz: Passagen Verlag Ges. m. b. H., Wien
Druck: Ferdinand Berger & Söhne GmbH, 3580 Horn

Inhalt

Vorbemerkung

Vor vielen Jahren – ungefähr zu jener Zeit, als meine erste philosophische „Abrechnung“ entstand, *Das Sein und das Ereignis* (1988) – habe ich die Vorstellung von den *Bedingungen* der Philosophie eingeführt, der wir im Weiteren wieder begegnen werden. Es ging darum, die wirklichen Spielarten schöpferischer Tätigkeit, zu denen die Menschheit fähig ist und von denen das Dasein der Philosophie abhängt, präzise zu benennen. Tatsächlich ist offenkundig, dass die Philosophie in Griechenland geboren wurde, weil sich in diesem Landstrich seit dem 5. Jahrhundert v. Chr. völlig neue Grundsätze in der Mathematik (deduktive Geometrie und Arithmetik), der künstlerischen Tätigkeit (menschenähnliche Skulptur, Malerei, Tanz, Musik, Komödie und Tragödie), der Politik (Erfindung der Demokratie) und hinsichtlich des Status der Leidenschaften (Liebesübertragung, Lyrik …) finden. Ich habe daher die These vorgebracht, dass nur dann sich die Philosophie wirklich entfalten kann, wenn Neuerungen in einer Gesamtheit von „Wahrheiten“ (diesen Namen habe ich ihnen aus philosophischen Gründen gegeben) auftauchen, die vier unterschiedlichen Typen angehören: Wissenschaft, Kunst, Politik und Liebe. Aus diesem Grunde bin ich gerne der Einladung Nicolas Truongs gefolgt, mit ihm in Avignon ein Gespräch zu führen, unter dem Gesichtspunkt eines „Lobes der Liebe“, später dann eines „Lobs des Theaters“. Dasselbe gilt für den Vorschlag Gilles Haéris: ein Gespräch in der Villa Gillet in Lyon, das zu einem „Lob der Mathematik“ führen sollte. Aus den ersten beiden Gesprächen sind Bücher der Reihe „Café Voltaire“ bei Flammarion geworden. So geht es nun auch mit dem dritten, das Gegenstand dieses Buches ist. Es bleibt noch übrig, ein Lob der Politik zu schreiben: Ich denke darüber nach.

I. Wir müssen die Mathematik retten

Alain Badiou, Sie sind, um einen Begriff aus der Mathematik zu verwenden, so etwas wie eine Singularität in der intellektuellen Landschaft Frankreichs.

Da gibt es natürlich Ihr politisches Engagement, das der breiten Öffentlichkeit seit 2006 durch den Erfolg von Wofür steht der Name Sarkozy? *bekannt ist. Sie sind heute eine der letzten großen Verkörperungen der Gestalt des engagierten Intellektuellen, einer der gnadenlosesten Kritiker unserer liberalen Demokratien, ein unermüdlicher Verfechter der kommunistischen Idee, die als Kind mit dem Badewasser der Geschichte auszuschütten Sie sich weigern.*

Doch auch aus einer spezifischer philosophischen Sicht ist das Werk, das Sie geschaffen haben, äußerst ungewöhnlich. In einer Zeit, wo sich die Philosophie auf eine gewisse Spezialisierung beschränkt und damit auf ihren anfänglichen Ehrgeiz verzichtet, haben Sie unermüdlich versucht, der Metaphysik eine Bedeutung zurückzugeben, indem Sie ein System errichtet haben, das sich als große Synthese der Welt und des Seins darstellt. Nun gründet sich diese Philosophie, die vor allem in Das Sein und das Ereignis, *später in* Logiken der Welten *exponiert wurde, weitgehend auf die Mathematik. Sie sind in dieser Hinsicht einer der wenigen zeitgenössischen Philosophen, die die Mathematik wirklich ernst nehmen, und sprechen nicht nur als Philosoph über sie, sondern praktizieren sie fast täglich.*

Können Sie uns zu Beginn erklären, woher diese sehr starke Beziehung zur Mathematik bei Ihnen kommt?

Dazu ist es gekommen, schon bevor ich geboren wurde! Aus dem einfachen Grund, dass mein Vater Mathematiklehrer war. Hier gibt es also das Stigma des Namens des Vaters, wie Lacan sagen würde. Tatsächlich hatte das erhebliche Auswirkungen, weil ich in meiner Familie Gespräche über Mathematik mit anhörte – zwischen meinem Vater und meinem älteren Bruder, zwischen meinem Vater und Kollegen usw. –, in einer Art primitiver Imprägnierung, ohne zunächst wirklich zu verstehen, worum es ging, wobei ich jedoch wahrnahm, dass all das auf akute und zugleich obskure Art von Interesse war. Dies war die erste Etappe, die pränatale, wenn ich das so sagen darf.

Dann, als Schüler, hat mich die Mathematik in dem Moment gepackt, als wir damit begannen, ein paar wirklich subtile Beweise auszuführen. Ich muss sagen, das, was mich wirklich begeistert hat, war das Gefühl, dass es, wenn man Mathematik treibt, ein bisschen so ist, als folge man einem äußerst gewundenen und komplexen Pfad in einem Wald von Vorstellungen und Konzepten und als führe dieser Pfad irgendwann zu einer Art wunderschöner Lichtung. Diese fast ästhetische Empfindung in der Mathematik frappierte mich schon sehr früh. Ich glaube, ich könnte hier einige Lehrsätze der Flächengeometrie erwähnen, insbesondere aus der unerschöpflichen Geometrie des Dreiecks, die man uns in der dritten und zweiten Klasse[1] beibrachte. Ich denke an die Eulersche Gerade. Man bewies, dass die drei Höhen eines Dreiecks in einem Punkt H zusammentreffen – schon das war schön. Dann auch noch die drei Mittelsenkrechten in einem Punkt U, es wurde besser und besser! Schließlich trafen die drei Seitenhalbierenden gleichfalls in einem Punkt S zusammen. Großartig! Daraufhin aber teilte uns der Professor mit geheimnisvoller Miene mit, dass sich beweisen läßt, wie es der große Mathematiker Euler getan hatte, dass diese Punkte H, U und S außerdem alle drei auf ein und derselben Gerade liegen, die natürlich die Eulersche Gerade heißt! Das war so unerwartet, so elegant, die schnurgerade Reihe dieser drei Hauptpunkte als charakteristisches Verhalten eines Dreiecks! Man hat den Beweis dann nicht mit uns ausgeführt, weil man ihn für zu schwierig für die zweite Klasse hielt, doch der Wunsch danach, ihn führen zu können, wurde geweckt. Dass man so etwas beweisen konnte, begeisterte mich. Es gibt hier gewissermaßen eine echte Entdeckung, ein überraschendes Ergebnis, um den Preis eines Weges, dem manchmal ein wenig schwer zu verfolgen ist, für den man aber belohnt wird. Später habe ich die Mathematik oft mit einem Spaziergang in den Bergen verglichen: Der Hinweg ist lang und schwierig, mit vielen Biegungen und Steilpfaden, man glaubt, angekommen zu sein, aber da kommt noch eine Windung … Man schwitzt, man müht sich ab, doch wenn man am Sattelpunkt ankommt, ist die Belohnung wahrhaft unvergleichlich: die Ergriffenheit, die endgültige Schönheit der Mathematik, diese mit Gewissheit feststehende, absolut einzigartige Schönheit. Deshalb werbe ich für die Mathematik auch immer noch unter diesem ästhetischen Blickwinkel. Wobei ich daran erinnern will, dass es sich um einen sehr alten Blickwinkel handelt, insofern Aristoteles tatsächlich die Mathematik weniger als Wahrheitsdisziplin betrachtete, denn vielmehr als eine Disziplin der Schönheit. Er behauptete, die Größe der Mathematik sei viel eher ästhetischer als ontologischer oder metaphysischer Art.

Ich hatte dann näheren Umgang mit der zeitgenössischen Mathematik, da ich die ersten zwei Jahre an der Universität Mathematik studierte. Das war zwischen 1956 und 1958, meinen ersten beiden Jahren an der *École normale supérieure*. Ich kombinierte einschneidende philosophische Entdeckungen (Hyppolite, Althusser und Canguilhem waren damals meine Lehrer) mit den Mathematikvorlesungen an der Sorbonne und mit bedeutsamen Diskussionen mit den Mathematikern unter den Schülern der ENS. Von diesem Zeitpunkt an – zweifellos auch, weil in den sechziger Jahren der Strukturalismus die Atmosphäre prägte und die formalen Disziplinen ein starkes Echo fanden – gelangte ich wirklich zu der Überzeugung, dass Mathematik dialektisch sehr eng mit der Philosophie in Verbindung steht – zumindest so, wie ich diese auffasste. Und zwar, weil sie sich am Kreuzungspunkt meiner Anliegen befand. Strukturen sind zunächst und vorrangig eine Angelegenheit für Mathematiker. Der große Ethnologe Lévi-Strauss, den ich damals mit Leidenschaft las, beruft sich ganz am Ende seines großen Buches *Die elementaren Strukturen der Verwandtschaft* auf den Mathematiker Weil, um zu zeigen, dass der Vorgang des Frauentausches sich erklären lässt, wenn man die algebraische Gruppentheorie darauf anwendet. Meine philosophische Orientierung zu jener Zeit verlangte nun nach der Beherrschung sehr umfangreicher begrifflicher Konstruktionen. Darüber hinaus fordert die Mathematik, durch ihre ästhetische Kraft und den Erfindergeist, den sie verlangt, dass man zu einem Subjekt wird, dessen Freiheit sich keineswegs gegen die Disziplin stellt, sondern diese vielmehr erfordert. Tatsächlich, wenn man an einem mathematischen Problem arbeitet, ist das (Er-)Finden der Lösung – und damit die kreative Freiheit des Geistes – nicht sozusagen blindes Herumirren, sondern die Festlegung eines stets gewissermaßen durch die Pflichten des Gesamtzusammenhangs und die Regeln der Beweisführung gesäumten Pfades. Man erfüllt sein Begehren, die Lösung zu finden, nicht gegen das Vernunftgesetz, sondern zugleich mit seinen Beschränkungen und mit seiner Hilfe. Nun kam ich, zunächst mit Lacan, auf folgenden Gedanken: Begehren und Gesetz sind einander nicht entgegengesetzt, sondern dialektisch identisch. Schließlich kombiniert die Mathematik in einzigartiger Weise die Intuition und den Beweis – das muss auch ein philosophischer Text tun, so gut er kann.

Abschließend möchte ich sagen, dass dieses Hin und Her zwischen Philosophie und Mathematik in mir eine gewisse Spaltung verursacht hat … und dass vielleicht mein ganzes Werk nichts anderes ist als der Versuch, diese Spaltung zu überwinden. Denn mein Lehrmeister der Philosophie, jener, der mir die Philosophie offenbart hatte, war Sartre. Ich war ein überzeugter Sartrianer. Nun hatte es Sartre, offen gesagt, nicht wirklich mit der Mathematik, das wissen Sie … Er hatte da sogar eine sehr grobe Formel, die er in jungen Jahren an der ENS immer wieder anbrachte: „Die Wissenschaft ist nur Spreu (*peau de balle*). Die Moral ist das Einschussloch (*trou de balle*)“[2]. Gewiss, er hat nicht an dieser elementaren Maxime festgehalten, aber man kann auch nicht sagen, dass er jemals wirklich auf die Seite der Wissenschaften zurückgekommen ist, insbesondere nicht der formalen. So hat sich in mir die Überzeugung entwickelt, dass die Philosophie einerseits fähig sein sollte, die subjektive Dimension zu retten, die Dimension des engagierten Subjekts, dieses gewissermaßen historische Drama, das die Subjektivität sein kann; andererseits jedoch, insbesondere was die Lehre vom Sein angeht, die Mathematik in ihrer rationalen Kraft und ihrer Herrlichkeit zu integrieren.

Beinah könnte ich all dies zusammenfassen, indem ich sagte, dass die Überwindung dieser Spaltung heute meine Beziehung zur Mathematik darstellt.

Warum erscheint es Ihnen heute notwendig, ein Lob der Mathematik vorzunehmen? Immerhin hat diese Disziplin in unserem Erziehungssystem immer noch einen zentralen Platz, und sie ist sogar eines seiner wichtigsten Selektionswerkzeuge. Nach der vor Kurzem an einen Franzosen verliehenen Fields-Medaille zu urteilen – mit der die Liste unserer Preisträger auf dem Gebiet auf elf anwächst, gleich hinter den Vereinigten Staaten – könnte man meinen, dass die Mathematik in Frankreich einen guten Stand hat. Haben Sie im Gegenteil den Eindruck, dass sie bedroht ist?

Wissen Sie, die große Mehrheit der Mathematiker hat ein außerordentlich aristokratisches Verhältnis zu ihrer Disziplin. Sie begnügen sich sehr gern mit dem Glauben, nur sie allein würden sie verstehen, und das sei eben ihr Schicksal. Immerhin richten sich diese Leute, ein wenig aus Notwendigkeit, grundsätzlich an jene, die imstande sind, die schwierigsten Beweise der zeitgenössischen Mathematik zu verstehen, also im Wesentlichen an ihre Kollegen. Man hat es also mit einem relativ geschlossenen Milieu zu tun, das gelegentlich Versuche macht, ein etwas breiteres Publikum anzusprechen, wie Cédric Villani oder viel früher Poincaré, doch das bleibt trotz allem eine Ausnahme.

Man hat also einerseits eine einfallsreiche und kreative Mathematik, beschränkt auf eine intellektuell äußerst dichte und internationale, jedoch höchst aristokratische Welt, und andererseits eine gewisse Verbreitung der Mathematik in Schulen und Universitäten, deren Gebrauch meiner Meinung nach zunehmend obskur oder unsicher ist. Denn es stimmt, dass die Mathematik, besonders in Frankreich, als Methode der Elitenselektion verwendet wird, bei den Aufnahmeprüfungen der wissenschaftlichen *Grandes Écoles*. Man hat, wie es die Schüler der Vorbereitungsklasse ausdrückten, Mathematik wirklich „gepaukt" (*chiader*). Doch letztendlich ist der organische Zweck des Ganzen im Wesentlichen selektiv. Diese Situation hat der Mathematik in Hinblick auf die öffentliche Meinung allgemein hart zugesetzt. Die allermeisten Menschen haben, sobald sie erst eine Reihe mehr oder minder angenehmer Schulprüfungen bestanden haben, keine wirkliche Beziehung mehr zur Mathematik. In Frankreich, dass muss man sagen, gehört sie nicht zur Allgemeinbildung. Und das ist für mich ein Skandal.

Die Mathematik sollte keinesfalls einfach als Schulfach betrachtet werden, das zur Auswahl derer dient, die Ingenieure oder Minister werden können, sondern als etwas, was selbst und an sich von außerordentlichem Interesse ist. Wie die bildende Kunst, wie das Kino, sollte sie, aus Gründen, auf die ich zurückkommen werde, einen festen Bestandteil unserer Allgemeinbildung darstellen. Doch offenkundig ist das nicht der Fall – und es ist noch weniger der Fall für das Kino, vielleicht der noch schlimmere Skandal. Aus diesem Grund ist die Meinung über die Mathematik gespalten zwischen einer Art distanzierter Hochachtung für ihr aristokratisches Dasein – verstärkt durch die ihr zuerkannte Nützlichkeit in der Physik oder im Bereich der Technik – und einer Ignoranz, die sich in der Überzeugung zusammenfassen lässt, dass „ich keine

Neigung zur Mathematik habe“. Man könnte mit einem schlechten Wortspiel sagen, dass die Trennlinie zwischen der sehr kleinen Minderheit der Geneigten (oder Gebeugten, Buckligen, frz. *bossus*) und der Masse der anderen verläuft. Ich meine, diese Situation ist schädlich, sogar beklagenswert. Allerdings werden wir vielleicht Gelegenheit haben, zu sehen, dass sich diese Situation nicht so einfach umkehren lässt. Um den Aristokratismus der Mathematiker zu durchbrechen, muss eine Vermittlung zwischen der Intelligenz der Formalismen und der begrifflichen Absicht stattfinden. Ich denke, dass man hierzu auf die Philosophie zurückgreifen muss, die man daher auch schon viel früher unterrichten sollte.

Sie spielen auf die Anwendungen der Mathematik an, die in der heutigen Welt tatsächlich überall anzutreffen sind, ohne dass die meisten Menschen viel davon verstehen, sich überhaupt nicht einmal unbedingt dessen bewusst sind?

Es ist wohl war, dass hier eine paradoxe Situation besteht: Mathematik ist heute überall. Die so fetischisierten neuen Kommunikationsmedien beruhen zur Gänze auf dem binären Code, auf neuen Algorithmen, der Primzahlenverschlüsselung und so weiter. Dabei hat diese gigantische Masse von Nutzern keine Ahnung, was das alles bedeutet.

Ich denke, das Paradox lässt sich klären, wenn wir an dieser Stelle die Frage der Pädagogik einbringen. Welche Stellung kommt im Formationsprozess des Denkens jeweils tatsächlich dem Wissen (zum Beispiel der Beherrschung der formalen Sprache der Mathematik) und der Darstellung dieses Wissens (zum Beispiel dem wirklichen, persönlichen Interesse, über den Nutzen und die

Tragweite dieser Formalismen nachzudenken) zu? Etwas zu wissen ist nicht dasselbe, wie zu denken, was man weiß, es gar zu lieben – das ist nicht unmittelbar identisch. Welche Beziehung besteht zwischen diesen beiden? Das ist die Schlüsselfrage der Übermittlung. Bekanntlich hat sich die Philosophie stets für diese Frage interessiert. Seit ihren Anfängen. Platon und Aristoteles begreifen sich selbst als Erzieher. Tatsächlich betrachten sie die Philosophie zu einem großen Teil als didaktische, pädagogische Unternehmung, die zwar möglicherweise neues Wissen hervorbringt, jedoch vor allem das bestehende Wissen erklärt und es einer neuen Subjektivität integriert. Dies trifft in vollkommener Weise auf die Mathematik zu, der Plato, während er mit den fortschrittlichsten Kenntnissen seiner Zeit hantiert, eine allgemeine Funktion in der Ausbildung eines jeden, wie auch immer gearteten Denkens zuspricht. In Wirklichkeit zeigt uns die Philosophie nach meiner Überzeugung, dass die Frage der Übermittlung von Wissen relativ homogen ist, unabhängig vom jeweils in Betracht stehenden Wissen. Denn letztlich besteht das Problem der Übermittlung von Wissen vor allem Anderen darin, die Angesprochenen zu überzeugen, dass es interessant ist, dass es sie begeistern kann. Das ist das generische Problem jeder Unterweisung. Man muss den, zu dem man spricht, davon überzeugen, dass es gute Gründe gibt, sich zu interessieren, zum Beispiel für Mathematik. Sich dafür zu interessieren – wie für viele andere Wissensgebiete – nicht etwa wegen des sozialen Aufstiegs, den sie verspricht, sondern um ihrer selbst willen, dessentwegen, was sie zu denken geben. Und das unabhängig davon, mit wem man spricht, ohne ihm ein Raster überzulegen, demzufolge manche verstehen können und andere nicht.

Diese mangelnde Kenntnis der Mathematik scheint heutzutage äußerst verbreitet zu sein, sogar unter Ihren Kollegen in der Philosophie?

Die Situation ist zwiespältig. Leider bewegen sich die meisten Philosophen, die über ein Minimum an mathematischer Ausbildung (im Übrigen oft beschränkt auf formale Logik) verfügen, in den Bahnen der angelsächsischen analytischen Philosophie, sogar ihres wissenschaftlichen Satelliten, des Kognitivismus. Die analytische Philosophie konzentriert sich in ihrer Tätigkeit auf die sprachliche Unterscheidung zwischen sinnvollen, vernünftigen Äußerungen und anderen, ihrer Auffassung nach sinnlosen Äußerungen, und das sind namentlich beinahe alle philosophischen Äußerungen seit Platon, die allesamt für „metaphysisch" und daher für irrelevant gehalten werden. Der Kognitivismus versucht, alle Fragen des Denkens oder Handelns auf die experimentelle Untersuchung von Hirnmechanismen zurückzuführen. So interessant die spärlichen Ergebnisse dieser Ausrichtungen sein können, kann ich darin doch keine Philosophie erkennen. Das sind akademische Studien ohne existenzielles, politisches oder ästhetisches Interesse. Das heißt, sie sind unbrauchbar für die Philosophie, wenn man diese als Durchleuchtung des wirklichen Lebens begreift. Oder aber, wie es in Frankreich häufig der Fall ist, die mathematische Bildung drängt danach, sich einem universitären „Fachgebiet" wie der Wissenschaftsgeschichte oder der Epistemologie einzuordnen – was ebenfalls einen Verzicht in Hinblick auf die wahren Ziele darstellt, die eine philosophische Unternehmung beseelen sollten und die sich um die Frage nach dem Sinn des Daseins anordnen, nach der Verpflichtung gegenüber den Wahrheiten, danach, was ein Leben sein kann, das dieses Namens würdig ist. Abseits dieser beiden – meiner Meinung nach! – Sackgassen entraten fast alle, die philosophische Studien betreiben, jeder mathematischen Bildung, und sie halten die Geschichte der Philosophie für das wichtigste, wenn nicht das einzige Fundament ihrer Arbeit.

All dies führt vor allem dazu, dass das wirkliche Leben der Mathematik und das wirkliche Leben der Philosophie tendenziell völlig voneinander getrennt sind. Und das ist eine neuartige Situation, zumindest im Maßstab des mehr als zweitausendjährigen Bestehens der Philosophie.

Tatsächlich, obgleich Mathematik und Philosophie schon sehr früh gemeinsame Sache machten – wir werden noch Gelegenheit haben, darauf zurückzukommen –, laufen ihre Entwicklungswege heute auseinander.

Da ist einmal das Phänomen, von dem ich gerade gesprochen habe. Doch außerdem gibt es etwas, was man die gesellschaftliche, öffentliche Evolution der zwei betroffenen Gruppen nennen könnte. Der zeitgenössische Mathematiker ist jemand, der in der Regel in einem äußerst komplexen, äußerst verfeinerten Spezialgebiet der Mathematik arbeitet. Daran den Anschluss zu finden, also fähig zu sein, mit ihm auf Augenhöhe zu sprechen, ist häufig, wie ich es erwähnt habe, weniger als einem Dutzend Menschen vorbehalten. Die kreative Aristokratie der Mathematik ist äußerst eng begrenzt, vielleicht die begrenzteste aller möglichen Aristokratien. Angesichts des Stands ihrer Verbreiterung erlangt man heutzutage nicht nach Belieben Zutritt zur Mathematik – er ist auch nicht erblich wie die großen Vermögen –, und ein mittelmäßiges Wissen, selbst ein schon großes und sogar sehr großes Wissen reicht nicht aus. Aus diesem Grund ist die Mathematik sehr unzugänglich geworden. Rein externe Orientierungspunkte gibt es, und über sie wird in den Zeitungen berichtet: Wenn einer etwas sehr Wichtiges entdeckt hat, dann erhält er die Fields-Medaille, mit der Zustimmung seiner winzigen Gemeinschaft und, über diese hinaus, umgeben von allgemeinem Unverständnis.

Auf Seiten der Philosophie ist das Problem genau umgekehrt, denn mittlerweile kann fast jeder den Ruf eines Philosophen erwerben. Seit die Philosophen „neu" geworden sind, ist man ihnen gegenüber sehr anspruchslos, sogar was ganz elementare Dinge betrifft, das können Sie mir glauben! Die Kenntnisse, die im Zeitalter Platons, Descartes' oder Hegels und noch am Ende des 19. Jahrhunderts vorausgesetzt wurden, wenn einer „Philosoph" sein wollte, betrafen fast das gesamte Wissen und Schaffen der Epoche – politisch, wissenschaftlich und ästhetisch, während es heute genügt, Meinungen zu haben und das entsprechende Mediennetzwerk, um glaubhaft zu machen, sie seien universell, selbst wenn sie absolut banal sind. Nun sollte der Unterschied zwischen Universalität und Banalität trotz allem für einen Philosophen entscheidend sein.

Es wird behauptet, es sei heute unmöglich geworden, solch umfassende Kenntnisse zu haben. Doch das ist unzutreffend. Selbstredend kann man nicht das Feld der Wissenschaften in seinem gesamten Umfang oder die gesamte künstlerische Produktion der Welt oder ausnahmslos alle politischen Erfindungen überblicken. Doch man kann – und sollte – genug davon wissen, eine ausreichend tiefe und breite Erfahrung von alldem haben, um philosophisch maßgebliche Aussagen treffen zu können.

Nun sind heute viele „Philosophen“ sehr weit von diesem Mindeststandard entfernt, insbesondere in Hinsicht auf jene Wissenschaft, die für die Philosophie stets die wichtigste gewesen ist, nämlich die Mathematik.

Diese Situation ist einigermaßen neu, sie ist gegen Ende der siebziger und zu Beginn der achtziger Jahre des vorigen Jahrhunderts zustande gekommen. Durch sie haben Bild und Begriff des Philosophen, hat seine Beschaffenheit beträchtlich an Würde verloren. Der Philosoph ist zu einem Berater in Beliebigkeiten geworden. Ich selbst muss zugeben, dass ich dieser verderblichen Versuchung ausgesetzt bin. Als ich in den frühen achtziger Jahren die *Ethik* schrieb, erhielt ich zahlreiche Einladungen, Seminare zur Bankenethik abzuhalten. Ich sage Ihnen das im Ernst, ich kann die Schriftstücke vorlegen! Diese Leute bekümmerten sich weder um meine Ansichten noch um mein politisches Engagement: Da ich von Ethik handelte, war es normal, dass ich mich in den Dienst dessen stellten sollte, was für sie das Herz der Gesellschaft, ihr lebendiges Zentrum darstellt: die Bank!

Die Divergenz zwischen Mathematik und Philosophie hat also auch damit zu tun, dass die Philosophie, ausgehend von der reaktionären und hohlen Figur des „neuen Philosophen“, eine unglaubliche Banalisierung ihres Status erfahren hat. Die Starphilosophen der großen Medien sind Nullen, das muss man sagen, strikt vom Gesichtspunkt der Kenntnisse, die nötig sind, um über das zu sprechen, worüber sie sprechen. In der Mathematik würde man sie als Äquivalent eines ziemlich durchschnittlichen Schülers der Abschlussklasse betrachten. Hier liegt im Übrigen eine bedeutende Tugend der Mathematik: Dergleichen Gaunerstreiche sind bei ihr unmöglich. Die Kehrseite dieser Tugend ist jedoch, dass die Mathematik aufgrund ihrer aristokratischen Absonderung von den anderen Wissensregimes unzugänglich oder zum Gegenstand bitterer Gleichgültigkeit geworden ist. Offenbar hat man es dank dieser so strengen Selektion bisher nicht mit „neuen Mathematikern" zu tun bekommen, so viel steht fest. Und ich sehe nicht, wie es sie geben könnte. Ein „neuer Mathematiker" ist auch heute noch einer, der bislang unbekannte Sätze beweist – auf mühselige oder brillante Weise –, und so etwas lässt sich nicht zum Nebenprodukt machen, noch auch zur Karikatur, das ist völlig unmöglich.

Wir leben also mit einem Grad der Trennung zwischen Mathematik und Philosophie, der wohl die meisten unserer klassischen oder modernen Vorfahren überrascht hätte, und ich will daran erinnern, dass viele von ihnen, darunter die bekanntesten, zugleich große Mathematiker waren. Descartes legte einen Grundstein der Mathematik, als er die analytische Geometrie erschuf, eine Art Vereinigung von Geometrie und Algebra: Er zeigte tatsächlich, wie sich eine Kurve im Raum, also ein geometrisches Objekt, durch eine Gleichung darstellen lässt. Leibniz war ein genialer Mathematiker, Begründer der modernen Differential- und Integralrechnung. Die Letzten, die solche Gebiete durchstreiften, sind irgendwo im 19. Jahrhundert zu finden: vielleicht Frege, vielleicht Dedekind, in mancherlei Hinsicht vielleicht Cantor oder Poincaré, der ist jedenfalls die letzte große Gestalt nach diesem Muster. Auch gab es in Frankreich mit Bachelard, Cavaillès, Lautman und Desanti zwischen 1920 und den sechziger Jahren eine philosophische Schule mit mathematischer Kompetenz, die dennoch nicht den Sirenengesängen der sogenannten analytischen Philosophie erlag. Heute jedoch ist die Trennung sehr weit fortgeschritten, wenngleich sich zwanzig oder dreißig Jahre nach mir eine Generation von Philosophen und auch einigen Mathematikern erhoben hat, die durch ihre Wiederentdeckung der Metaphysik überhaupt sehr vielversprechend ist (Tristan Garcia, Quentin Meillassoux, Patrice Maniglier …). Manche von ihnen überblicken ein maßgebliches Teilgebiet der zeitgenössischen Mathematik, ohne sich damit sogleich für eine Art sprachlichen Positivismus oder schlichte Wissenschaftsgeschichte herzugeben. Ich denke namentlich an Charles Alunni, René Guitart, Yves André und dann, in jüngerer Zeit, an Elie During oder David Rabouin. Natürlich vergesse ich hier noch manch andere vielversprechende Persönlichkeiten der kommenden Generationen – oder, wie ich hoffe, ich weiß gar nichts von ihnen.

Tatsächlich besteht ein Teil meiner eigentlich metaphysischen Bemühung in dem Versuch, mit Hilfe all derer, die heute die Mittel dazu und den Wunsch danach haben, diese tödliche Trennung zu überwinden zwischen dem, was sich unter dem Namen Philosophie präsentiert, und den beträchtlichen intellektuellen Errungenschaften der zeitgenössischen Mathematik.

II. Mathematik und Philosophie oder Die Geschichte eines alten Paares

Ich würde mit Ihnen gern die Verbindungen genauer erkunden, die zwischen Philosophie und Mathematik bestehen. Sie haben vorhin daran erinnert, dass es sich um ein altes Paar handelt: Schon Platon hatte auf den Giebel seiner Akademie geschrieben: „Niemand trete ein, der kein Geometer ist". Wie ist diese Kameradschaft zu erklären?

Mathematik und Philosophie sind in der Tat seit ihren Anfängen miteinander verbunden, so sehr, dass eine ganze Reihe besonders bekannter Philosophen – Platon, aber auch Descartes, Spinoza, Kant oder Searle – förmlich erklärt haben, dass es ohne die Mathematik auch keine Philosophie gegeben hätte. Die Mathematik wurde also bereits sehr früh – ganz und gar explizit bei Platon – gewissermaßen als Voraussetzung dafür begriffen, dass die rationale Philosophie entstehen konnte. Weshalb? Ganz einfach, weil die Mathematik das Beispiel für einen Erkenntnisprozess war, der sozusagen „für sich allein Bestand hat". Das heißt, wenn etwas bewiesen ist, nun, dann ist es bewiesen! Das ist etwas ganz anderes, als wenn ein Priester, ein König oder ein Gott für die Wahrheit bürgt. Der Priester, der König oder der Gott hat recht, weil er Priester, König oder Gott ist. Das wird man übrigens, wenn man ihnen widerspricht, sehr schnell zu spüren bekommen … Beim Mathematiker hingegen sieht es ganz anders aus: Er ist verpflichtet, einen Erkenntnisprozess zu konstruieren, der seinen Kollegen und Rivalen ausgesetzt wird – und wenn seine Beweisführung fehlerhaft ist, wird man es ihm sagen.

Die Mathematik hat daher seit frühester Zeit, seit dem alten Griechenland, eine Welt gebildet, wo Dinge, die man für wahr und bewiesen erachtet, nur unter Voraussetzung ihrer Überprüfung und Annahme durch die Gemeinschaft jener Leute in Umlauf sind, die „sich darauf verstehen", nicht bloß aufgrund der Autorität, die daraus resultiert, dass ein Mathematiker sich „Mathematiker" nennt. Im Gegenteil, der Mathematiker führt erstmals eine Universalität ein, die von jeder mythologischen oder religiösen Voraussetzung völlig befreit ist und nicht mehr in Form einer Erzählung auftritt, sondern als Beweis. Die auf Erzählung gegründete Wahrheit ist die traditionelle „Wahrheit", vom Typ des Mythos oder der Offenbarung. Die Mathematik erschüttert all die traditionellen Narrative: Der Beweis hängt einzig von der rationalen Beweisführung ab, die für alle offenliegt und eben im Prinzip widerlegbar ist, sodass einer, der eine letztlich als falsch erwiesene Behauptung aufgestellt hat, nachgeben muss. In diesem Sinne hat die Mathematik am demokratischen Gedanken Anteil, der in Griechenland übrigens zur selben Zeit in Erscheinung tritt wie sie. Die Philosophie konnte sich in ihrer – übrigens nach wie vor bedrohten – Autonomie gegenüber dem religiösen Narrativ nur mit dieser formalen Unterstützung konstituieren, die zweifellos nur einen begrenzten Bereich des intellektuellen Handelns betraf, jedoch einen Bereich, der völlig unabhängige Normen besaß, explizite Normen, die sich ein jeder aneignen konnte. Ein Beweis muss ein Beweis sein, das war alles. Es trifft also zu, dass seit den Anfängen ein Naheverhältnis zwischen der Mathematik, Demokratie (im Sinne der politischen Moderne, als den traditionellen Autoritäten entgegengesetzt) und Philosophie besteht.

Historisch gesehen ist die Mathematik also vor der Philosophie entstanden?

Das ist eine komplexe und schlecht dokumentierte Geschichte. Ich teile die Überzeugung des Wissenschaftshistorikers und -philosophen Arpad Szabo: Wenn man das Denken des Parmenides näher betrachtet oder das der ganzen „eleatischen" Schule (die so heißt, weil sie sich aus Bewohnern der Stadt Elea zusammensetzte), die Sokrates und Platon vorausging, also bis ins 5. Jahrhundert v. Chr. zurückgeht, lässt sich darin die tiefgehende Spur von Denkmethoden erkennen, die in der Mathematik ihre volle Verwirklichung finden. So das *argumentum ad absurdum*, das ich für entscheidend halte für jene geistige Schlagkraft, welche die Mathematik jener Zeit entwickelt hat. Ich habe diesen Punkt detailliert in meinem Seminar von 1985–1986 untersucht, das niemand anderem als Parmenides gewidmet war. Grob gesprochen läuft das *argumentum ad absurdum* darauf hinaus, die Wahrheit einer Aussage p zu beweisen, nicht indem man diese Wahrheit direkt aus bereits erwiesenen Wahrheiten „konstruiert", sondern indem man nachweist, dass die gegenteilige Aussage, oder die Aussage nicht-p, notwendig falsch ist. Man wendet daraufhin das Prinzip des ausgeschlossenen Dritten an: „Gesetzt p, eine (nach den syntaktischen Regeln des betreffenden Systems) wohlgeformte Aussage, so ist entweder p wahr, oder nicht-p ist wahr. Es gibt keine dritte Möglichkeit". Dies ist eine außergewöhnliche Vorgehensweise, da sie eine Wahrheit feststellt, sich dabei aber ausschließlich innerhalb einer falschen Hypothese bewegt. Tatsächlich: Wie beweist man, dass nicht-p falsch ist? Indem man ganz einfach annimmt, es sei wahr und aus dieser Behauptung Konsequenzen zieht, die zu bereits etablierten Wahrheiten im Widerspruch stehen. Dann wendet man das Prinzip des Nicht-Widerspruchs an: Da nicht-p einer Aussage widerspricht, die wahr ist, sagen wir q, und da nicht zwei einander widersprechende Aussagen zugleich wahr sein können, folgt notwendig, dass nicht-p falsch und dass also p wahr ist.

Man sieht, der Beweis erfolgt auf überraschendem Weg: Man will feststellen, dass p wahr ist, wofür man seine Gründe hat (das ist die Hypothese). Zu diesem Zweck erzeugt man die Fiktion „nicht-p ist wahr", von der man hofft, dass sie falsch ist! Und um diese Hoffnung zu nähren, zieht man die Konsequenzen aus dieser Fiktion, wobei man sich mit unerbittlicher Logik innerhalb dessen bewegt, was man für falsch hält, bis man auf eine Konsequenz stößt, die explizit einer zuvor als wahr erwiesenen Aussage widerspricht. Diese kontrollierte, reglementierte Navigation zwischen „wahr" und „falsch" ist meiner Meinung nach ganz und gar charakteristisch für die aufstrebende Mathematik, für den Schnitt, den sie gegenüber jeder offenbarten Wahrheit ausführt, gegenüber jeder Wahrheit, deren Kraft allein poetisch ist. Diese „Tonart" nun findet man bei Parmenides. Man findet sie, insofern er, um zu beweisen, dass das Sein *ist*, dass dies die erste Wahrheit ist, zunächst feststellt, dass das Nicht-Sein nicht ist. Er argumentiert also *ad absurdum*. Meine Schlussfolgerung ist klar: Die rationale Philosophie und die Mathematik entstehen gleichzeitig, und anders könnte es gar nicht sein.

Sie haben erwähnt, dass sich nach den Griechen auch die klassischen Philosophen stets aus nächster Nähe für Mathematik interessierten. Hatte Letztere wirklich einen Einfluss auf ihre Denksysteme?

Es ist interessant, die Gründe zu betrachten, welche die Philosophen selbst vorbringen, um die Bedeutung der Mathematik zu erklären.

Nehmen wir Descartes, den Begründer der modernen Philosophie. Ich habe erwähnt, dass er ein sehr bedeutender Mathematiker ist. Es ist klar, was er auf Seiten seiner eigentlich philosophischen Unternehmung aus der Mathematik übernimmt: das Ideal der Beweisführung. Für ihn muss der philosophische Text die Gestalt „langer Ketten von Gründen" haben, wie sie für die Mathematik charakteristisch sind. Es lässt sich aber auch sagen, dass er vom Umweg *ad absurdum* Gebrauch macht. Tatsächlich verfährt er, um die Existenz einer Sache, die Existenz der äußeren Welt zu beweisen, nicht auf direktem Weg, sondern errichtet die Fiktion eines „absoluten" Zweifels, eines „hyperbolischen" Zweifels, der die Nichtigkeit jeder Wahrheit und jeder Erfahrung bedeuten würde. Daraufhin stellt er fest, dass die Tatsache des Zweifelns ihrerseits nicht bezweifelt werden kann. Dies ist das berühmte *Cogito*, welches durch Negation der absoluten Negation, also des Zweifels, einen „Punkt" von Wahrheit (das „Ich bin") etabliert. Darüber hinaus legt er ausdrücklich mehrere Beweise vor, im Allgemeinen konstruktiver Art, mit denen er die Existenz Gottes beweisen will. Zum Beispiel: Weil feststeht, dass ich eine Idee vom Unendlichen habe, obwohl ich endlich bin, folge hieraus notwendig das Vorhandensein eines unendlichen Wesens, das in mir diese Idee erschaffen hat. Die Einzelheiten der Beweisführung sind komplexer, kurz gesagt „mathematischer“ … Die Mathematik ist bei Descartes allgegenwärtig, als Paradigma des rationalen Denkens.

Nehmen wir Spinoza, immer noch im 17. Jahrhundert. Er beginnt die *Ethik* mit der Aussage, der Mensch wäre unwissend geblieben, wenn es die Mathematik nicht gegeben hätte, insbesondere weil er weiterhin alles mit „Zweckursachen“ (*causae finales*), Mythologien und der Wirkung übernatürlicher Kräfte erklärt hätte. Spinoza stellt also selbst seine Ethik in den Zusammenhang der Idee, dass sie gewissermaßen eine mögliche Folge der Existenz der Mathematik ist. Die kapitale Rolle der Mathematik liegt für ihn darin, die Erklärung durch „Zweckursachen“ diskreditiert und die Finalität aus dem Bereich der Philosophie verbannt zu haben, die noch in der aristotelischen Tradition so wichtig war, und sich stattdessen an deduktive Verkettungen zu halten. Spinoza unterscheidet, wie es übrigens auch Platon tut, drei Arten von Erkenntnis: Die erste ist eine Vermischung von Sinnesrepräsentation und Einbildung – das, was man gewöhnliche Unwissenheit nennen könnte. Die zweite ist die geordnete begriffliche Erkenntnis, die Beweisführung Punkt für Punkt, und das Paradigma dafür ist die Mathematik. Die dritte Art ist der intuitive Umgang mit Gott (als Name für die Natur oder die Totalität), und dies ist die eigentlich philosophische Erkenntnis. Doch Spinoza stellt durchaus klar, dass ohne Zugriff auf die zweite Art keine Rede davon sein kann, zur dritten zu gelangen. Außerdem arrangiert er sein Buch in genau derselben Weise, wie auch die mathematischen Abhandlungen seiner Zeit geordnet waren, nämlich nach dem Vorbild der *Elemente* des Euklid: Definitionen, Postulate, Sätze … Die Philosophie wird also *more geometrico* exponiert, auf geometrische Weise. Dies zeigt die intime Beziehung, die zwischen Philosophie und Mathematik besteht.

Was sagt, ein Jahrhundert später, Kant über die Mathematik? In der Einleitung zu seiner *Kritik der reinen Vernunft* spricht auch er über ihre absolute Notwendigkeit für das Dasein der Philosophie und insbesondere der kritischen Philosophie, die er im Geist der Aufklärung begründen will. Tatsächlich hätte die kritische Frage, die er stellt: „Woher kommt die Universalität der Wissenschaften?", keinen Ort, wenn es keine Wissenschaft gäbe; und gäbe es keine Mathematik, dann gäbe es auch – hierfür ist Newton der Beweis – keine Naturwissenschaft. Kant fügt außerdem hinzu, und das hat mich stets gerührt, dass die Erfindung der Mathematik das Ergebnis des „glücklichen Einfalls eines einzelnen Mannes" sei, nämlich, wie er meint, des Thales. Kant legt also auch Wert darauf, zu zeigen, dass das Erscheinen der Mathematik keine historische Notwendigkeit ist, sondern ein zufälliger Fund. Die Mathematik wurde nicht geschaffen, damit Kant die kritische Frage nach dem Ursprung der Universalität der Vernunft stellen könne, sondern eines Tages, zufällig, durch den glücklichen Einfall eines einzelnen Mannes, als handelte es sich um eine kontingente Ästhetik. Doch diese Kontingenz schafft nun die Möglichkeit der kritischen Frage, durch die sich die philosophische Unternehmung definiert.

Es ist dennoch ein Punkt hinzuzufügen, der das Spiel zweier möglicher Auffassungen der Mathematik vorwegnimmt, von denen wir gleich sprechen werden und die seit Jahrhunderten miteinander im Streit stehen: die realistische (oder platonische), die besagt, dass der Gegenstand der Mathematik außerhalb von uns existiert; und die formalistische, die sagt, die Mathematik sei reine

Schöpfung, und zwar vor allem die Schöpfung einer besonderen formalen Sprache. Bei Kant ist die Auffassung der Mathematik eine „apriorische", was bedeutet, dass die Organisation des mathematischen Denkens nicht von der tatsächlichen Erfahrung herrührt, sondern dieser vorausgeht, dass sie in Hinblick auf die Erfahrung *a priori* und nicht *a posteriori* existiert. Kurz gesagt argumentiert Kant, dass das, worum es in den formalen Wissenschaften geht – und auch in den Versuchswissenschaften, doch das ist eine andere Frage –, von der subjektiven Organisation der menschlichen Erkenntnis abhängt, von dem, was er das transzendentale Subjekt nennt. Wenn die Vernunft universell ist, dann ist sie es für Kant nicht deshalb, weil sie an ein Wirkliches rührt, sondern weil sie auf eine universelle Struktur der erkennenden Subjektivität selbst zurückführt. Wenn sich hinsichtlich der mathematischen Beweisführung alle einig sind, dann nicht weil sie sich auf etwas bezieht, was das Ding an sich oder die Wirklichkeit der Welt berühren würde, sondern weil die Struktur des menschlichen Verstandes einem einzigartigen Paradigma gehorcht, sodass das, was dem einen als Beweis gilt, auch dem anderen ein Beweis sein wird. Ich denke, hier handelt es sich um eine verfeinerte Spielart der formalistischen These. Später, für Wittgenstein, wird die Mathematik nur ein Sprachspiel unter anderen sein, dem man keinesfalls absolute Geltung zusprechen darf. Das würde Kant nicht sagen, denn für ihn ist die Mathematik wirklich universell und unwiderlegbar für einen Verstand wie den unseren. Und dennoch handelt es sich um einen Formalismus, einen transzendentalen Formalismus: Die Mathematik ist nicht deshalb universell, weil sie die formalen Strukturen des Seins an sich denken würde, sondern weil sie eine Sprache darstellt, die für alle in gleicher Weise codiert ist. Dennoch öffnet, für Kant ebenso wie für Descartes oder Spinoza, die Mathematik, seit sie von Thales erfunden wurde, den endlosen Weg der Wissenschaft, und wenn es sie nicht gäbe – schließlich hatte der Mensch schon Zehntausende von Jahren existiert, als die Griechen die demonstrative Geometrie und Arithmetik erfanden –, könnte die philosophische Frage (Wie kommt es, dass allgemein wahre Urteil existieren?) nicht formuliert werden oder bliebe unbeantwortbar.

Sie scheinen hier eine Art Vortritt der Mathematik gegenüber der Philosophie anzudeuten?

In diesem Punkt gibt es nur zwei Denkrichtungen, von denen für mich bloß eine gültig ist. Ich denke, dass das Grundverhältnis zwischen Philosophie und Mathematik tatsächlich ein Verhältnis der Ehrfurcht ist, wenn ich das so sagen darf. Etwas in der Philosophie verneigt sich vor der Mathematik. Tatsächlich, wenn sich die Philosophie nicht vor der Mathematik verneigt, dann vernachlässigt sie sie, lehnt sie ab, denkt sie, wie Wittgenstein, dass es in der Mathematik nichts gibt, was für das menschliche Dasein von Interesse wäre – dies ist die zweite Denkrichtung, von der ich gesprochen habe und die ich als völlig falsch ablehne. Es gibt hier kein Zwischenmaß. Gewiss, ein „neuer Philosoph" interessiert sich bekanntlich überhaupt nicht für die Mathematik. Er interessiert sich für die öffentliche Meinung, er interessiert sich für den Islam, interessiert sich für den „Totalitarismus", für die Regionalwahlen, für alle möglichen Dinge, aber nicht für die Mathematik. Und in meinen Augen ist das ein Mangel. Es ist ein Mangel in Hinsicht auf die Forderung nach Rationalität, die sich in der großen Geschichte der Philosophie langsam herausgebildet und organisiert hat, gleichgültig, welche Folgerungen, Behauptungen und letztgültigen Positionen die verschiedenen Philosophen im Übrigen vertraten. Zwischen der platonischen Leidenschaft für die Mathematik und Hegels harscher Kritik am streng mathematischen Begriff der Unendlichkeit liegt ein Abgrund. Doch Hegel kennt die Mathematik seiner Zeit, namentlich das Werk Eulers. In seiner *Logik* widmet er der Differentialrechnung eine tiefgehende Anmerkung. Ich habe gar nichts gegen unterschiedliche Bewertungen der Wichtigkeit der Mathematik einzuwenden, allerdings sehr wohl gegen die Gleichgültigkeit und Ignoranz, die nach meiner Ansicht so schwerwiegende Mängel sind, dass sie es verbieten, sich als Philosoph zu deklarieren, selbst wenn man dem Wort das Epithet „neu" beifügt. Ich bin so weit gegangen, von einem Ehrfurchtsverhältnis zu sprechen, weil die Philosophie der Mathematik nicht wie zufällig begegnen kann oder wie einem epistemologisch vereinbarten Kapitel – sie muss von der Mathematik in ihrem Ursprung selbst erfasst werden. Als Wissenschaft vom Sein ist die Mathematik von Anfang an entscheidend, sobald man nur in die Philosophie hineintritt. Ich bin ganz und gar mit der Maxime der platonischen Schule einverstanden, die ich in meinem Namen wiederholen möchte: „Niemand trete hier ein, der nicht Geometer ist". Und „hier", das ist nicht bloß eine Schule, das ist die Philosophie selbst.

Ein wichtiges Element in dieser Sache ist auch, dass die Mathematik weitgehend der Singularität der Einzelsprachen entgeht. Sicherlich, wenn man in China Mathematik unterrichtet, spricht man Chinesisch, aber letztlich gehört die Mathematik selbst keiner Sprache an. Es gibt eine Art mathematischer Sprache, doch diese ist weder Französisch noch Englisch noch Chinesisch. In gewisser Weise steht diese Sprache, die sich immer formalisieren, nach festen Regeln auf eine Zeichenfolge zurückführen lässt, außerhalb der Sprache. Nun hat die Frage der Vielfalt der Sprachen die Philosophie stets beunruhigt, denn sie kann sich immer die Frage stellen: „Was aber schuldet mein Denken dieser Sprache, die singulär ist? Führt die Singularität einer Sprache nicht dazu, dass mein vermeintlich universeller Diskurs weniger universell ist, als er es gerne wäre?" Bekanntlich erlagen einige Philosophen sogar der Versuchung zu behaupten: „Ja, manche Sprachen haben jedoch universelle Trageweite". Einige haben das Deutsche, andere – und oft dieselben – das Griechische vorgeschlagen. Es ist durchaus bemerkenswert, dass Descartes, als einer von wenigen Philosophen, sagte, dass ihn diese Frage überhaupt nicht interessiere, und ausdrücklich die Meinung vertrat, die Vernunft könne sich in gleicher Weise in jeder Sprache verständlich machen, sogar, wie er präzisiert, im „Niederbretonischen". Doch dieses Sprachenproblem spielt eine Rolle, ob man nun will oder nicht. Die Mathematik ist nun eben eine Vorgehensweise des Denkens, welche die Singularität der Sprache umgeht. Warum? Weil die Muttersprache, die Alltagssprache, nicht eigentlich die Sprache der Mathematik ist, sondern die Sprache ihrer Darstellung oder ihrer Vermittlung, was nicht dasselbe ist.

Glauben Sie nun allerdings nicht, ich wäre der Meinung, dass die Philosophie ausschließlich die mathematische Sprache bewundern oder gar verehren solle. Ganz und gar nicht! Die Mathematik interessiert sich für und klammert sich an die formellste, abstrakteste, in ihrer äußersten Allgemeinheit fast leere Dimension des Seins an sich. Wie wir im Weiteren noch sehen werden, lässt sich mühelos die Auffassung verfechten, dass alles, was existiert, eine Vielheit bildet. Daher behaupten wir, dass die Mathematik, als die allgemeine Theorie der verschiedenen Formen, in denen diese Vielheiten eine gewisse Konsistenz erlangen, eine Theorie des Seienden ist, nicht insofern es dieses oder jenes ist, sondern einfach insofern es *ist*. Das Verhältnis des Denkens zum Sein als solchem ist allerdings ganz bestimmt nicht das gesamte Verhältnis der Subjekte zur Welt, absolut nicht. Die Mathematik ist keineswegs die Wissenschaft von der Differenz zwischen dem Herbstlaub und einem Sommerhimmel; sie sagt nur, dass jedenfalls all das Vielheiten und Formen sind, die etwas gemeinsam haben, nämlich schlicht die Tatsache, dass sie sind. Und eben die abstrakten Formen dieses „Gemeinsamen" versucht die Mathematik zu denken.

Das ist eine philosophisch notwendige, aber sicherlich nicht hinreichende Erfahrung. Für meinen Teil bediene ich mich zumindest in gleichem Maße der Poesie. Nun ist die Poesie das andere Extrem der Sprache. Denn die Poesie wühlt in der Sprache, um sie zu zwingen, zu benennen, was sie zuvor nicht benennen konnte. So dringt die Poesie in die Muttersprache ein, in die Singularität einer Sprache. Im Inneren dieser Singularität der Sprache aber widmet sie sich Operationen der Benennung, der Übertragung, des metaphorischen Vergleichs usw., von einer Breite, dass sie am Ende auch an etwas Universelles rührt. Man könnte sagen, dass das Gedicht die Singularität der Sprache bis an ihre Grenze (über-)treibt, bis ins Außersprachliche. Wohingegen das Vorgehen der Mathematik von Anfang an außerhalb der Singularität der Sprachen liegt. Zwei gegensätzliche Wege, beide jedoch auf das Wirkliche, die Universalität gerichtet.

Doch ist die Mathematik, wie sie sich heute in Indien, in Frankreich oder in China entwickelt, überall dieselbe? Ist sie wirklich undurchlässig für kulturelle oder sprachliche Besonderheiten? Das wäre die Bestätigung der bewundernswerten Universalität, von der Sie gesprochen haben.

Letztendlich, ja. Wenn es heute eine echte Internationale gibt, dann ist es die der Mathematiker. Sicherlich sprechen sie alle Englisch miteinander, wie alle Welt, doch vor allem „sprechen sie Mathematik“ – so wie wir, offen gesagt, eines Tages alle „kommunistische Politik“ sprechen sollten, meinetwegen auf Englisch … Es gibt wohlgemerkt mathematische Schulen oder „historische Momente“ in der Mathematik mit nationaler Färbung. Erinnern wir uns daran, dass im Mittelalter Bagdad die unbestrittene Hauptstadt des mathematischen Denkens war. Und ich kann noch andere Beispiele geben, ohne besondere Ordnung: Im Umfeld Monges existiert im Zeitalter der Französischen Revolution oder Napoleons eine brillante französische Schule der Geometrie. Mitten im 19. Jahrhundert strahlt Deutschland mit Riemann, Dedekind, Cantor in vollem Glanz. Die polnische Schule der mathematischen Logik in den 20er- und 30er-Jahren des letzten Jahrhunderts, vor allem mit Tarski, ist ganz bemerkenswert. Im Gefolge des ganz außergewöhnlichen Ramanujan kann man bis heute von einer erstaunlichen indischen Schule der Zahlentheorie sprechen. Auf diesem Gebiet stehen im Übrigen die Engländer, von Hardy bis Wiles, den anderen in nichts nach. Man könnte viele andere Beispiele nennen, Russen, Italiener, Amerikaner, Brasilianer, Ungarn … Offenbar ist es so, dass die Mathematik nach und nach in praktisch allen Gebieten der Welt geniale Gründer hervorbringt. Doch ein jedes Mal wird ihre Arbeit von der globalen Bruderschaft der Mathematiker begeistert aufgenommen, ohne dass Fragen der Sprache oder der Kultur dabei eine nennenswerte Rolle spielen. So lässt sich sagen, dass die Mathematik tatsächlich auf überzeugende und sichtbare Weise nationale Besonderheiten überschreitet und sich von diesen niemals einschließen lässt – wie es alle Wahrheitsverfahren tun sollten und auch tun werden, einschließlich die dem Anschein nach „kulturellsten", wie die Künste und, wohlgemerkt, die Politik. Dies ist ein zusätzlicher Grund, weshalb die Philosophie, die ja die Universalität als ihren eigenen Wert erschaffen hat, die mathematische Internationale in Ehren halten sollte.

Man kann heute dennoch den Eindruck haben, dieser Dialog zwischen Mathematik und Philosophie, oder auch die Ehrfurcht, von der Sie gesprochen haben, sei auf beiden Seiten gebrochen: Sie betonen, dass die Philosophen sich kaum für Mathematik interessieren, doch symmetrisch dazu praktizieren zahlreiche Wissenschaftler, hochrangige Physiker oder Mathematiker, ihre Disziplin, ohne Fragen zu stellen. Als hätte sich ein Positivismus festgesetzt, der rechtfertigt, dass man Mathematik oder Wissenschaft treiben kann, ohne sich in Hinsicht auf ihre Universalität, ihre eigentliche Wahrheit Fragen zu stellen. Welche Erklärung haben Sie hierfür?

Die Verantwortung liegt auf Seiten der Philosophen. Ganz ehrlich, ich spreche die Mathematiker von jeder Schuld frei! Unter ihnen gibt es ganz bestimmt einige Philosophen: Wie gesagt, früher, von Descartes bis Poincaré, war das unbestreitbar, aber es kommt noch heute vor. In jenem Teilgebiet, das mir am besten vertraut ist, der modernen Mengenlehre, kann ich beispielsweise sagen, dass die Überlegungen Woodins – zweifellos der bemerkenswerteste Spezialist der sogenannten „deskriptiven Mengenlehre", also der Feintheorie der reellen Zahlen –, Überlegungen zu den verschiedenen Bedeutungen des Worts „unendlich", unbestreitbar von einer philosophischen Haltung zeugen. Abgesehen davon haben die Mathematiker schon immer das Recht, Tag und Nacht Mathematik zu treiben, zu ihrer persönlichen Befriedigung, oder um der Befriedigung willen, die sieben Kollegen aus den Socken zu hauen, die etwas von derselben Sache verstehen wie sie. Sie können sich also in ein schwieriges Problem vertiefen, ohne jedes Mal zu fragen, ob die Mathematik eine Ontologie ist oder ein Sprachspiel. Ich vergebe ihnen bereitwillig die ihnen gemeinsame philosophische Nachlässigkeit, denn indem sie ihr Dasein einer so angespannten Suche widmen, dem Anschein nach so undankbar oder anspruchsvoll, erweisen sie der Menschheit insgesamt einen herausragenden Dienst.

Abgesehen davon muss man sagen, wie es ist: Unter den Mathematikern gibt es viele recht seltsame Menschen – gepeinigte oder eigenwillige Subjektivitäten. Man nehme zum Beispiel Grigori Perelman, diesen absolut genialen zeitgenössischen russischen Mathematiker, der eine Annahme beweisen konnte, die vor einem Jahrhundert aufgestellt worden war und den Bemühungen einer ganzen Heerschar führender Experten widerstanden hatte. Nun, er lebt als Einsiedler in einer Hütte im Wald, weitgehend von der Welt abgeschnitten, und spricht nur mit seiner alten Mutter; er hat die Fields-Medaille abgelehnt, die von der ganzen Zunft heiß begehrt wird … Tatsächlich, er ist ein Mystiker, und in diesem Sinne eine Art spiritualistischer Philosoph in der russischen

Tradition. Die beiden großen genialen Gründungsväter der Mengenlehre und der mathematischen Logik, Cantor und Gödel, waren sehr eigenartige Menschen. Der erste schrieb dem Papst, um sich der Orthodoxie seines Unendlichkeitsgedankens zu versichern, dann erfand er eine neue Theorie, der zufolge Shakespeare gar nicht Shakespeare ist. Der zweite fürchtete sich, Kollegen könnten ihm das Leitungswasser vergiften. Sehen Sie sich ein junges Genie wie Évariste Galois an, den Erfinder der algebraischen Gruppentheorie und überhaupt des konstruktiven Geistes der modernen Algebra. Er ist ein typisch romantischer Charakter, der, wegen eines Aufstands im Geist der Julirevolution von 1830 festgenommen, im Gefängnis Tag und Nacht seine überwältigenden Gedanken niederschreibt und 1932 im Alter von zwanzig Jahren in einem dummen Duell um ein Mädchen stirbt, von dem er kurz vor seinem gewaltsamen Tod seinem besten Freund schrieb, dass sie es ehrlich gesagt gar nicht wert sei. Wohlgemerkt gibt es auch überragende Genies wie Gauss oder Poincaré, die solide Akademiker sind, reflektierte und in ihrem gesellschaftlichen Universum wohlinstallierte Menschen. Doch Mathematiker können manchmal durchaus, so wie Dichter, anarchische und romantische Persönlichkeiten sein oder auch kontemplative und zurückgezogene. Denn das, was in der Mathematik letztlich zählt, ist der Einfall, der sich oft nach vielen Nächten ungewisser Mühen in einer Art zufälligen Intuition einstellt. Es gibt einen berühmten Text, in dem Poincaré erklärt, dass ein Problem, über dem er viele Wochen lang geschwitzt hatte, sich ganz plötzlich klärte, als er seinen Fuß auf eine Autobustreppe setzte. Auch das gehört zur Mathematik. Also machen wir ihr nicht das Leben schwer. Es gibt keine „neuen Mathematiker", die es einzig darauf absehen, die herrschende reaktionäre Politik zu bestärken, und das ist doch schon einmal etwas …

Wenn Philosophie und Mathematik sich auseinanderentwickeln, liegt die Schuld also bei den Philosophen?

Absolut. Und das nicht nur aufgrund ihrer partiellen Degeneration, sondern weil die Philosophen zu einem gewissen Zeitpunkt – unter Vorwänden oder Begründungen, die eine Untersuchung verdienen würden – aufgehört haben zu glauben, die Philosophie könne sich der Gesamtheit dessen annehmen, was ich ihre Bedingungen nenne, die ich vier „Gattungen" zuordne, die für mich Formen von – wie ich sagen würde – Wahrheiten sind: die Wissenschaften, kognitive Wahrheiten; die Künste, sinnliche Wahrheiten; die Politik, kollektive Wahrheiten; und die Liebe, existentielle Wahrheiten. Die meisten Berufsphilosophen unserer Zeit haben aufgehört zu glauben, das die Philosophie – wie sie es ganz klar zur Zeit Hegels oder auch noch zu Lebzeiten Auguste Comtes, Searles oder Bachelards behauptete – danach verlangt, und zwar als striktes Minimum, eine reale, möglichst breitgefasste Beziehung zu diesem äußerst komplexen System von Bedingungen zu haben. Unsere Berufsphilosophen haben aufgehört zu denken, dass die Idee einer spezialisierten Philosophie in Wirklichkeit überhaupt keinen Sinn hat. Dass Philosophie eine Philosophie von diesem oder jenen sein kann, dass sie spezielle „Gegenstände" hat, das geht im übelsten Sinn des Wortes auf das zurück, was Lacan den „Universitätsdiskurs" nennt. Philosophie ist Philosophie, das heißt, sie unterhält eine einzigartige und totale Beziehung zur Wissenschaft, zur Kunst, zur Politik und zur Liebe. Hier hat also eine schwerwiegende Kapitulation der Philosophie stattgefunden.

Wann ereignete sich historisch diese Kapitulation, diese „Scheidung“ von Mathematik und Philosophie?

Es handelt sich meiner Meinung nach um eine Wende, die sich erstmals am Ende des 19. Jahrhunderts abzeichnet, eine Wende, die ich durchaus in gewissem Sinne als antiphilosophisch beschreiben würde, mit großen Stars wie Nietzsche und Wittgenstein – große Stars, deren Genie ich anerkenne, die jedoch das Programm der Philosophie in eine Richtung verändert haben, die seit Platon ganz und gar nicht die ihre war. Insbesondere waren sie es, die die Idee aufgegeben haben, dass man auf den *vollständigen* und systematischen Charakter der Philosophie achten sollte. Erst dadurch wird die Gleichgültigkeit gegenüber der Mathematik möglich. Nach meiner Ansicht ist dieser Bruch umso schwerwiegender, weil sich just seit dem späten 19. Jahrhundert eine Mathematik entwickelt hat, die sehr Vieles in den wesentlichsten philosophischen Konzepten über den Haufen wirft.

Können Sie uns ein Beispiel geben?

Ich würde den Begriff der Unendlichkeit nennen, seine Geschichte, den gegenwärtigen Stand der Frage und dessen Konsequenzen. Gerade in diesem Punkt hat sich in den letzten fünfzig Jahren in der Mathematik eine Forschungstätigkeit entfaltet, die in ihrer Neuheit, ihrer Tiefe atemberaubend ist. Wenn man diese ignoriert, dann ist es ganz einfach so, dass man in Wirklichkeit nicht weiß, wovon man spricht, wenn man das Wort „unendlich" ausspricht. Denn die Mathematiker für ihren Teil haben an diesem Begriff gearbeitet, haben ihn zu einem unerhörten Grad von Komplexität geführt. Wenn man gewisse Theoreme der 70er- oder 80er-Jahre über die neuen Gestalten der mathematischen Unendlichkeit nicht kennt, dann braucht man das Wort „unendlich" gar nicht auszusprechen – jedenfalls nicht im Kontext rationalen Denkens.

Ebenso spricht man in der Philosophie weiterhin von „der Logik", wenn man sich allerdings nicht aus der Nähe ansieht, was sich in der Logik hinsichtlich ihrer beständigen formalen Erneuerung alles ereignet, wird man vom Wort „Logik" eine beschränkte oder falsche Auffassung haben. Tatsächlich ist die Logik, oder besser gesagt: sind die Logiken heute ein Teil der Mathematik geworden. Wir werden darauf noch zu sprechen kommen. Jedoch ist klar, dass ein Philosoph die Logik, und heutzutage folglich die mathematisierte Logik, kennen muss.

Diese beiden Beispiele zeigen, dass die Philosophie, wenn sie sich von der Mathematik absondert, auf den Abgrund zuläuft, da eine beträchtliche Anzahl der Begriffe, die sie benötigt, durch die Wirkung der Unwissenheit schlicht obsolet wird.

Zusammenfassend würde ich sagen, dass zwischen der Mathematik und der Philosophie ein Bruch stattgefunden hat. Dieser Bruch hat historische Gründe: Die philosophische Romantik, von Hegel bis zu Sartres Existenzialismus, hat sich von der analytischen und demonstrativen Rationalität entfernt. Seit der Französischen Revolution war es auch die neue Vorliebe der Geschichte, Bewegungen, Revolutionen, Negativität hochzuschätzen, auf Kosten jener Kontemplationsweise *sub specie aeternitatis* der mathematischen Wahrheiten, die zeitlos werden, sobald sie einmal erwiesen sind. Ebenso gab es institutionelle Gründe: die zunehmende Sonderung der akademischen Disziplinen, die Konstituierung humanistischer und naturwissenschaftlicher Forschung in zwei sehr stark voneinander getrennte Gruppen. Wie dem auch sei, dieser Bruch hatte, vom Gesichtspunkt der Philosophie selbst, katastrophale Auswirkungen. Er brachte bezüglich Begriffen, die in der Philosophie nach wie vor in Umlauf sind, die Preisgabe ihrer wirklichen Daseins- und Formationsbedingungen mit sich, da die Philosophen kilometerweit dem hinterherhinken, was die Mathematiker in Hinsicht auf diese Konzepte definieren und beweisen.

Ich fürchte, dies zu beheben wird wohl eine langwierige Angelegenheit, doch man muss damit beginnen, auf der einen Seite Werbung für die Freuden der Mathematik zu machen und auf der anderen den Ehrgeiz nach einer rationalen Metaphysik wiederherzustellen.

III. Womit befasst sich die Mathematik?

Bevor wir weitergehen scheint es mir wichtig, ein wenig genauer zu definieren, was die Mathematik ist. Russell sagte, sie sei ein Gebiet, „wo man nicht weiß, wovon man spricht, und wo man niemals weiß, ob das, was man sagt, wahr ist". Könnten Sie uns dennoch ein bisschen mehr darüber sagen?

Der verflixte Russell! Ich möchte zunächst anmerken, dass die Frage nach der Definition der Mathematik keine mathematische Frage ist. Dies ist ein sehr wichtiger Punkt. Sobald man sich der Frage zuwendet: „Was ist Mathematik?", kippt man in die Philosophie, betreibt man Philosophie. Die Philosophen haben sich sehr für diese Frage interessiert, und sie haben es sogar geschafft, gewisse Mathematiker dafür zu interessieren – diejenigen, die die breiteste enzyklopädische Bildung hatten –, Leute wie Poincaré, oder noch vor nicht allzu langer Zeit Grothendieck, aber es bleibt jedenfalls eine philosophische Frage.

Man kann natürlich mit einer gewissermaßen elementaren Beschreibung beginnen. Seit den Griechen ist die Mathematik in Teilbereiche gegliedert – für sie gab es im Wesentlichen zwei. Zunächst die Geometrie, welche Gegenstände und Strukturen untersucht, die im Raum angeordnet sind: zweidimensionale Gegenstände, dann handelt es sich um die Flächengeometrie (Dreieck,

Kreis etc.), oder dreidimensionale, dann handelt es sich um die eigentliche Raumgeometrie (Würfel, Kugel etc.). Dann die Arithmetik, welche die Zahlen untersucht. Die Verbindung zwischen beiden ist die sehr wichtige und schwierige Frage des Maßes: Ein Liniensegment besitzt, sobald erst eine Einheit festgelegt ist, eine Länge, die eben eine Zahl ist. Das führt zu unmittelbar sehr komplexen Problemen, die seit den Anfängen der demonstrativen Mathematik eine Art Vermischung zwischen Geometrie und Arithmetik bewirken. Ein bekanntes Beispiel: Kann man, wenn man die Länge eines Kreisradius kennt, den Umfang des Kreises selbst berechnen? Hier kommt die Zahl π ins Spiel: Wenn die Länge des Kreisradius r beträgt, dann ist der Umfang des Kreises selbst das Produkt $2\pi r$. Das Bemerkenswerte ist, dass die *reelle* Natur der Zahl π erst im 19. Jahrhundert erwiesen werden sollte: Damals erst gelang es zu zeigen (und das ist nicht einfach!), warum π weder eine ganze Zahl sein kann noch auch das Verhältnis zweier ganzer Zahlen (ein Bruch, was man auch als eine rationale Zahl bezeichnet) noch auch die Lösung einer Gleichung, deren Koeffizienten ganze Zahlen sind. Diese Zahlen, die sich gegen jede einfache Berechnung wehren, werden heute „transzendente" Zahlen genannt und bilden für sich allein einen wesentlichen Teil der modernen Arithmetik.

Diese grundlegende Unterscheidung zwischen „räumlichen" Strukturen und „numerischen" Strukturen bleibt auch heute erhalten, in einer viel breiter gefassten Form. Das große „allumfassende" Traktat der modernen Mathematik, das in den dreißiger Jahren des 20. Jahrhunderts in Frankreich von einer Gruppe von Mathematikern in Angriff genommen wurde, die sich den Namen „Bourbaki" gab, unterscheidet von vornherein algebraische Strukturen, also die möglichen Organisationsstrukturen von Berechnungen (Addition, Subtraktion, Division, Wurzelziehen usw.), und topologische Strukturen, die es ermöglichen, räumliche Anordnungen zu denken (Nachbarschaften, Innen und Außen, Verbindungen, Offenes und Geschlossenes usw.). Die Abkunft von der Unterscheidung zwischen Arithmetik und Geometrie ist hierbei offensichtlich. Die komplexesten und spannendsten mathematischen Fragestellungen sind natürlich diejenigen, die beide Richtungen kombinieren, nämlich die furchterregenden Probleme der algebraischen Geometrie.

Doch wir befinden uns hier noch auf einer sehr elementaren Ebene der Beschreibung. Das eigentliche philosophische Problem besteht in der Frage, welches das Wesen des mathematischen Denkens im Allgemeinen ist, ganz unabhängig von seinem Untersuchungsgebiet. Nun, diese Frage ist historisch in sehr unterschiedlicher Weise beantwortet worden. Ich denke allerdings, wie ich vorhin schon gesagt habe, dass es zwei Hauptrichtungen gibt. Zunächst jene, welche die Mathematik auf die Seite einer ontologischen oder zumindest, sagen wir, „realistischen" Berufung ziehen will – die Mathematiker selbst sagen oft „platonisch". In dieser Sichtweise ist die Mathematik ein Teil des Denkens dessen, was existiert, was ist. Wenn es darum geht, auf welcher Ebene, in welcher Weise usw., so ist das recht komplex. Sagen wir aber vorerst, dass sie eine Art der Annäherung an die Wirklichkeit ist, einschließlich des am wenigsten Greifbaren. Und zwar im Grunde deshalb, weil man annehmen muss, dass es im Seienden eine Ebene von Generalität oder Universalität gibt, die in irgendeiner Weise immateriell ist. Es gibt Strukturen, die sich in allem wiederfinden, was es gibt. Eben um die

Untersuchung dieser Strukturen als solcher, der strukturellen Möglichkeiten, geht es in der Mathematik.

Dies erklärt im Übrigen das sehr seltsame Faktum – das selbst Einstein erstaunte –, dass die Physik, also die wissenschaftliche Theorie der wirklichen Welt, ohne Mathematik nicht existieren könnte. Wie es im Wesentlichen einer der Begründer dieser Physik sagte, nämlich Galileo: Die Welt ist in der Sprache der Mathematik geschrieben. Diese erste Richtung behauptet also, die Mathematik habe eine wesentliche Beziehung zur Gesamtheit des Seienden.

Dann gibt es noch eine andere Ausrichtung, ich nenne sie „formalistisch", welche im Grunde besagt, dass die Mathematik ein einfaches Sprachspiel ist, anders gesagt, die Kodifizierung einer gewiss formal strengen Sprache – da die Begriffe der Deduktion, des Beweises in ihr normativ und formalisiert sind –, jedoch ohne dass sich diese Strenge auf eine konstante Beziehung zum empirisch Wirklichen berufen könnte. Ein häufig zugunsten dieser These vorgebrachtes Argument ist, dass sich „die mathematischen Axiome schließlich ändern können" und dass es also mehrere mögliche mathematische Universen gibt. Diese Debatte setzte im frühen 19. Jahrhundert ein, als man erkannte, dass mehrere Geometrien möglich waren: die euklidische Geometrie, die bis dahin geherrscht hatte, doch auch die Geometrie Lobatschewskis und später die Riemanns. Rufen wir uns diese Geschichte ins Gedächtnis: Über Jahrhunderte hatte man es für selbstverständlich gehalten, dass durch einen Punkt außerhalb einer Geraden eine, und nur eine, Gerade parallel zur ersten verlaufen könne. Diese Selbstverständlichkeit war von unserer Wahrnehmung diktiert. Man hat tausende Male erfolglos versucht, sie ausgehend von anderen Axiomen der klassischen Geometrie zu beweisen. Doch nun verwarf Lobatschewski (1829) das Axiom und behauptete, dass durch einen Punkt mehrere Geraden parallel zu einer gegebenen Geraden verlaufen könnten. Statt im Widersinn zu enden, erfand er so eine nicht-euklidische Geometrie, die jedoch konsequent und fruchtbar war. Später nahm Riemann (1854) das Axiom auf, dass es keine Parallele zu einer gegebenen Geraden gebe. Und dies ließ sich nicht nur mit den anderen klassischen Axiomen vereinbaren, sondern stellte Einstein und der relativistischen Physik einen natürlichen geometrischen Rahmen zur Verfügung. Heute schließlich, wo es von mathematischen Strukturen aller Art wimmelt, kann man tatsächlich das Gefühl haben, dass all dies gewissermaßen auf einen freien menschlichen Erfindungsgeist zurückgeht, der sich mit Anfangsprinzipien, Axiomen und spezifischen logischen Regeln ausstattet, um daraus Konsequenzen zu ziehen, und es sich in letzter Konsequenz nur um ein formales Spiel handelt. Ein höheres geistiges Spiel, in dem man die Beweisverfahren als Regeln identifizieren müsste – die Spielregeln – und die Axiome als Anfangsgegebenheiten des Spiels. Die Schlussfolgerungen sind das, was man gewinnen kann, wenn man die Regeln auf die Anfangsgegebenheiten anwendet. Also ist ein großes Theorem stets nur ein gelungenes Spiel, ein gewonnenes Spiel. Auf diesen Weg hat sich bekanntlich mit all der Brillanz, zu der er fähig ist, der antiphilosophische Logiker Ludwig Wittgenstein eingelassen. Meiner Meinung nach ist es sehr symptomatisch, dass seine Auffassung der Mathematik als reines Sprachspiel, letztendlich ohne wirklichen Ernst, ihn schließlich zu einer Art ironischen Verachtung der höchsten Ambitionen der zeitgenössischen Mathematik geführt hat. So durchbohrt er beispielsweise die Mengenlehre mit Sarkasmus. Es ist wahr, dass einer der wichtigsten schöpferischen Geister, sowohl in der reinen Logik als auch in der Mengenlehre, nämlich Kurt Gödel, ein überzeugter Platoniker war. Der Konflikt zwischen der realistischen Ausrichtung und der formalistischen – oder sprachlichen – Ausrichtung war während des gesamten letzten Jahrhunderts so heftig, dass unbestreitbare Genies, Philosophen und/oder Mathematiker, sich manchmal in verfeindeten Lagern wiederfanden. Doch in Wahrheit gibt es diese Debatte darüber, was die Mathematik ist, von Anfang an. Ich habe erwähnt, dass Aristoteles die Mathematik in erster Linie als ästhetisch betrachtete. Er sah sie also ohne Bezug zum Wirklichen, als eine willkürliche Schöpfung, die einen gewissen Genuss des Denkens hervorruft. Umgekehrt war für Plato die Mathematik die eigentliche Grundlage der universellen rationalen Erkenntnis: Ein Philosoph musste unbedingt mit der Mathematik beginnen. Selbst wenn er später über sie hinausging, so war die Mathematik das Erste, was er lernte. Plato war beispielsweise der Meinung, dass politische Führer gut daran täten, sich wenigstens zehn Jahre mit höherer Mathematik zu beschäftigen. Er machte deutlich, dass sie sich keineswegs mit dem Minimum begnügen durften, insofern sie insbesondere auch Raumgeometrie betreiben sollten. Da die Raumgeometrie zur Zeit Platons gerade erst entstanden war, könnte man sagen, dass für ihn ein wahrhaft idealer Träger der Staatsverantwortung nicht aussehen würde wie der äußerst reaktionäre Präsident Raymond Poincaré, der weitgehend für den Krieg 1914–1918 verantwortlich war, sondern wie der geniale Mathematiker Henri Poincaré. Im Grunde wäre es für Platon die richtige Methode gewesen, als Präsidenten der Republik Nobelpreis-

oder Fields-Medaillenträger auszuwählen. Daran sieht man, dass es sich um eine politische Option handelt, die von ganz anderer Art ist als jene, die heute bei uns vorherrscht …

In der formalistischen Auffassung der Mathematik besitzen die Ausgangsaxiome einen Status, der willkürlich, losgelöst von unserer Intuition sein soll, der, anders gesagt, ohne absoluten Wahrheitswert ist. Aber ist das in Wirklichkeit nicht ziemlich gekünstelt? Lässt sich tatsächlich denken, eine willkürliche Definition könne einen mathematischen Gegenstand wie zum Beispiel die natürlichen Zahlen erschaffen? Ist es nicht eher so, dass man, weil die natürlichen Zahlen von vornherein existieren und notwendige Eigenschaften besitzen, sich in der Folge bemühen kann, sie durch Axiome auszudrücken und zu formalisieren? Russell z. B. konstruiert den Zahlbegriff ausgehend von der Mengenlehre: Alle Dreiheiten, Mengen mit drei Elementen, bilden eine Klasse von Mengen, der die Zahl 3 zugeordnet wird. Einverstanden. – Aber kann man wirklich von Dreiheiten sprechen, ohne bereits eine Ahnung von der Zahl 3 zu haben? Ist das nicht ein eigenartiger Taschenspielertrick?

Ja, zweifellos … Aber sehen Sie, die Intuition der Zahl 3, die dem menschlichen Tier wahrscheinlich seit seinen Anfängen zugänglich ist, liefert an sich noch keine Mathematik. Wenn man hingegen die Zahl 235.678.981 schreibt, dann hat diese keinerlei intuitive Entsprechung. Sie stellt nicht etwas dar, was sich intuitiv von 235.678.982 unterscheiden ließe. Außer eben in der Schrift, doch was wird hier niedergeschrieben? Hier liegt die eigentliche Frage. Schüchtern tritt das mathematische Denken in Erscheinung, wenn man sagt, dass

235.678.982 auf die Zahl 235.678.981 „folgt“. Aber dann sieht man, dass das, was wirklich zählt, das Wort „folgen“ ist, das tatsächlich auf einen Rechenvorgang und damit letztlich auf eine Struktur hindeutet, nämlich auf die der Addition: Wenn es die Zahl n gibt, welches n das auch sein mag, dann existiert auch die Zahl $n + 1$, die man den Nachfolger von n nennt. Doch warum „den“ Nachfolger? Könnte es nicht mehrere geben? Nein, das ist unmöglich, weil die Additionsstruktur der natürlichen Zahlen erfordert, dass zwischen n und $n + 1$ keine andere Zahl existiert. Was aber, werden Sie sagen, bedeutet dann „zwischen“? Nun, das Wort bezieht sich auf eine andere Struktur, die Ordnungsstruktur, die die Begriffe „größer“ und „kleiner“ formalisiert – und tiefgehend wandelt. Wenn n kleiner ist als q, und q kleiner als r, dann liegt q „zwischen“ n und r. Die jedermann bekannte Notation zeigt es in fast räumlicher Weise: Man schreibt tatsächlich $n < q < r$. All das bedeutet zunächst, dass die natürlichen Zahlen jedenfalls über eine algebraische Additionsstruktur und eine Ordnungsstruktur verfügen. Man kann des Weiteren festhalten, dass diese Ordnungsstruktur im folgenden Sinn „diskret“ ist: Es existieren „Löcher“ oder „Leerstellen“ in der geordneten Kette. Tatsächlich gibt es zwischen n und $n + 1$ keine natürliche Zahl. Solange man nur die natürlichen Zahlen berücksichtigt, kann man wirklich sagen, dass es zwischen n und $n + 1$ nichts gibt. Wenn man sagt, dass dieses „nichts“ eine Zahl ist (was die arabischen Algebraiker als erste zu tun wagten), wird es sich unter der Bezeichnung „Null“ folgendermaßen in die additive Struktur einfügen: Wenn man einer Zahl n Null hinzuzufügt, hat man immer noch n. Man sagt, dass Null das für die Addition neutrale Element ist. Die Null fügt sich auch in die Ordnungsstruktur ein, insofern Null, als Bezeichnung des Nichts, mit Sicherheit kleiner ist als alle anderen Zahlen. Sie ist daher für die Ordnungsstruktur ein Mindestwert.

So kann man die natürlichen Zahlen in ihrer Artikulation innerhalb zahlreicher Strukturen weiter entfalten: innerhalb der Addition, Multiplikation, Division, Primfaktorzerlegung und noch vieler anderer Strukturen. Damit wird man, weit entfernt von einer ursprünglichen, inframathematischen Intuition der 1, der 2 oder der 3, eine Wissenschaft von hohem Ansehen konstituiert haben: die Grundrechenarten oder die elementare Arithmetik. Groß ist unter diesen Umständen die Versuchung zu behaupten, die natürlichen Zahlen seien reduzierbar auf eine strukturelle Verflechtung, die selbst das Ergebnis von Axiomen ist, die sich modifizieren lassen, um die formale Substanz anderer mutmaßlicher Intuitionen zu erhalten. Ein Beispiel: Wir haben gesagt, dass zwar eindeutig $n < n + 1$ gilt, indes zwischen einer Zahl n und $n + 1$ keine Zahl existiert. Das Intervall ist leer, ein Loch. Wir können feststellen, dass dies für Brüche nicht zutrifft (die sich aus natürlichen Zahlen zusammensetzten). Wenn wir $^a/_b < {}^c/_d$ haben, dann gibt es mit Sicherheit zumindest eine Bruchzahl, die zwischen den beiden liegt. Das wird zum Beispiel ersichtlich, wenn man die Summe der beiden Brüche nimmt und halbiert. Das heißt (rechnen Sie nach – ich verlange hier und im gesamten Text nicht mehr, als dass man zwei Brüche addieren kann …) $^{(ad + bc)}/_{2bd}$. Dann zeigt man, dass diese Bruchzahl größer ist als $^a/_b$ und kleiner als $^c/_d$, dass sie also zwischen den beiden liegt (tatsächlich liegt sie genau in der Mitte). Folglich ist die Abfolge, was diese Brüche betrifft, nicht diskret: Es ist eine *dichte* Ordnung, das heißt zunächst, dass es zwischen zwei verschiedenen Brüchen immer mindestens einen dritten Bruch gibt, der sich von den ersten beiden unterscheidet. Doch zwischen dem ersten Bruch, $^{a}/_{b}$, und dem Bruch $^{(ad + bc)}/_{2bd}$, von dem wir gezeigt haben, dass er „in der Mitte" des Intervalls zwischen $^{a}/_{b}$ und $^{c}/_{d}$ liegt, muss es folglich, wenn wir dieselbe Konstruktion anwenden, noch einen weiteren Bruch geben. Und da dieser Prozess „ins Unendliche" fortgesetzt werden kann, kommen wir zu dem folgenden sehr aussagekräftigen Schluss: Zwischen zwei verschiedenen Bruchzahlen gibt es stets unendlich viele Brüche. Damit erhält die Gegenüberstellung von diskreter Ordnung und dichter Ordnung ihre volle Bedeutung: Wo „nichts" sein kann (zwischen zwei aufeinanderfolgenden ganzen Zahlen), gibt es Unendlichkeit (zwischen zwei unterschiedlichen Bruchzahlen).

Sie könnten nun fragen: Warum funktioniert der Beweis der Unendlichkeit, der für Bruchzahlen funktioniert, nicht für zwei aufeinanderfolgende natürliche Zahlen, die doch schließlich auch Brüche sind? Ich schreibe die Zahl n als „n durch 1", oder $^{n}/_{1}$. Und der Nachfolger von n kann als $^{(n + 1)}/_{1}$ geschrieben werden. Und dann? Dann führt die obige Berechnung zum Ergebnis n + ½, was sehr wohl „zwischen" n und n + 1 liegt, allerdings den Nachteil hat – keine natürliche Zahl zu sein. Die Rechnung ist möglich, wenn man sich in der Struktur der Bruchzahlen (positive rationale Zahlen) befindet, nicht aber, wenn man bei den natürlichen Zahlen bleibt.

Allmählich konstituiert sich somit ein Strukturgebäude, in dem die Verhältnisse die Oberhand über die Entitäten oder Gegenstände zu gewinnen und sogar deren Wesen und Eigenschaften zu bestimmen scheinen. Deshalb ist es angemessen, alle angeblich „intuitiven" Gegenstände auf strukturelle oder formale Manipulationen zurückzuführen, die im Prinzip nur den Entscheidungen, der Wahl des Mathematikers gehorchen. Was „existiert“ sind also strukturierte Bereiche, die allein dem Formalismus Rechenschaft schuldig sind, innerhalb dessen sie erscheinen.

Haben aber nicht trotz allem die logischen Regeln, die es erlauben, die Konsequenzen der Axiome zu entfalten, den Status einer universellen Wahrheit? Mag sein, dass die Mathematiker andere Logiken als die herkömmliche binäre erfunden haben – wenn aber einer die Prinzipien einer neuen Logik formuliert, dann hält er weiterhin in Denken und Ausdruck an den Prinzipien von Identität und Nicht-Widerspruch aus der guten alten herkömmlichen Logik fest: Er sagt nicht schwarz und weiß zugleich, und die Regeln, die er auseinandersetzt, sind selbst logisch konsistent im klassischen Sinne des Wortes. Anders gesagt, bleibt nicht jenseits der formalen Konstruktionen, welche die moderne Mathematik zu generieren vermochte, dennoch das Vorrecht der klassischen Logik erhalten, die unüberwindlich bleibt, weil sie ganz einfach die Gesetze a priori *unseres Geistes wiedergibt, wie Kant behauptete?*

Sehen sie, das Herzstück der klassischen Logik, das, wodurch sie sich den Geistern universell aufzuzwingen scheint, hat in grundsätzlicher Weise mit der Verneinung zu tun. Sie wird seit Aristoteles von zwei großen Prinzipien regiert. Zunächst dem Prinzip des Nicht-Widerspruchs, das ich vorhin erwähnt habe: Man kann innerhalb ein und desselben formalen Systems nicht eine Aussage p und ihr Gegenteil nicht-p zulassen. Ferner dem Prinzip des ausgeschlossenen Dritten: Wenn nicht-p falsch ist, dann *muss* p wahr sein, und man schließt, dass p wahr ist. Aus diesen beiden Grundsätzen folgt, dass die doppelte

Verneinung, also nicht-nicht-p, der einfachen Behauptung entspricht, also p. Nun wird all das heute durch das Auftauchen zumindest zweier konkurrierender Logiken in Frage gestellt, die sich im allgemeinen Bereich des demonstrativen Denkens als stichhaltig erweisen.

Zunächst hat seit Beginn des vergangenen Jahrhunderts die intuitionistische Logik das Prinzip des ausgeschlossenen Dritten zurückgewiesen und kohärente formale Systeme errichtet, die ohne es auskommen. Es ist eine Logik, die unserer tatsächlichen Erfahrung näher steht als die klassische Logik: Wir alle wissen, dass es zum Beispiel in einer politischen Versammlung nicht bloß zwei einander ausschließende Positionen, sondern auch eine dritte Position geben kann, die sich schließlich als die richtige herausstellt, als diejenige, die wirklich der Situation angemessen ist. In einem solchen Fall ist Position 2 die Verneinung von Position 1, und diese Verneinung gehorcht dem Prinzip des Nicht-Widerspruchs: Es ist unmöglich, dass Position 1 und Position 2, die sich ausdrücklich widersprechen, gleichzeitig wahr sind. Allerdings ist keine von beiden wahr, da vielmehr Position 3 richtig ist. In solchen Systemen trifft im Allgemeinen nicht zu, dass die Verneinung der Verneinung der einfachen Behauptung entspricht.

Vor nicht allzu langer Zeit trat dann die parakonsistente Logik in Erscheinung. In einem derartigen logischen System hat das Prinzip des Nicht-Widerspruchs keine allgemeine Geltung, während das Prinzip vom ausgeschlossenen Dritten aufrecht bleiben kann. Man hat es dann mit komplexen Situationen zu tun. Nehmen wir beispielsweise den Fall von zwei Personen, die dasselbe Kunstwerk leidenschaftlich lieben, die aber zur Rechtfertigung ihrer Bewunderung widersprüchliche Gründe angeben. Diese Gründe können beide wahr sein, denn ein Kunstwerk ist Träger einer virtuell unendlichen Zahl von Kommentaren. Andererseits operiert diese Positivität des Widerspruchs innerhalb einer ersten Überzeugung (beide Menschen mögen das gleiche Kunstwerk), auf die das ausgeschlossene Dritte angewandt werden kann: Es gibt zwischen „das Werk mögen“ und „das Werk nicht mögen“ möglicherweise keine dritte Position.

Nun hat sich herausgestellt, dass diese drei logischen Stile jeweils in bestimmten Teilbereichen der Mathematik nützlich, ja sogar notwendig sind. Gewiss, die Hauptströmung der Mathematik entfaltet sich nach wie vor in der klassischen Logik. Doch im Rahmen der sogenannten Kategorientheorie, die grob gesprochen die Theorie der Beziehungen „im Allgemeinen“ ist, ohne vorhergehende Spezifizierung bestimmter Objekte, lässt sich beobachten, dass die parakonsistente Logik wirksam ist. In gewissen, der Mengenmathematik nahestehenden Kategorien wie der Topologie (ein Topos ist eine Kategorie, in der sich eine Beziehung feststellen lässt, die der klassischen Zugehörigkeit ähnelt, dem berühmten $\in$), ist die Logik eher intuitionistisch. Schließlich ist der logische Zusammenhang seinerseits variabel geworden und erlegt dem Geist selbst in der Mathematik keine unveränderlichen Gesetze mehr auf. Die Philosophie weiß seit Langem davon: Im Hegelschen System ist die Negation der Negation keineswegs mit der Ausgangsbehauptung identisch. Seine Logik ist also nichtklassisch. In meinem eigenen System ist die Logik des reinen Seins, des Seins als solchen, klassisch; die Logik des Erscheinens intuitionistisch; und die Logik des Ereignisses und der aus Subjektsicht von ihm abhängenden Wahrheiten ist parakonsistent.

Kommen wir also auf die Anfangsentscheidung zurück: Für welche der beiden großen Konzeptionen der Mathematik, realistisch oder formalistisch, würden Sie, Alain Badiou, sich aussprechen?

Zwischen diesen beiden Ansichten entscheide ich mich, ohne mich noch länger bei den Argumenten für die eine oder andere aufzuhalten, für Erstere: Es gibt einen tatsächlichen „Inhalt" im mathematischen Denken. Weder handelt es sich um ein Sprachspiel – obwohl komplexe Formalismen erforderlich sind – noch um einen Nebenbau der reinen Logik. Ich denke in diesem Punkt wie die Mehrheit der Mathematiker. Offensichtlich ist es ein wenig demagogisch von mir, dieses Argument zu verwenden: Sie wissen, dass das Konzept der „Mehrheit" auch in der Politik nicht wirklich mein Ding ist. Letztendlich aber stimmt es, dass die meisten Mathematiker „Platoniker" sind. Sie glauben nicht an die zweite These, diejenige vom Sprachspiel, vom integralen Formalismus, bei der es sich in Wirklichkeit um eine These eher philosophischer Herkunft handelt. Sie glauben, dass die mathematisierbaren Gegenstände oder Strukturen in einem gewissen Sinn „existieren". Woher diese Überzeugung? Bestimmt, weil sie allzu oft erfahren mussten, dass „irgend etwas" Widerstand leistet, wenn man Mathematik übt, dass man sich an einer schwierigen, rebellischen Wirklichkeit reibt. Doch was ist das, was da widerstrebt? Wenn es sich um ein Spiel handelt, das man vollständig kodifiziert hat, von einem Ende zum anderen, dann sollte es wie mit den Eröffnungen im Schach oder dergleichen gehen: Wenn man die Eröffnungen gut kennt, bis hinein in ihre weitführenden Entwicklungen, verfügt man bereits über eine starke strategische Überlegenheit. Doch im Allgemeinen ist das überhaupt nicht der Eindruck, den der Mathematiker hat, es scheint ihm vielmehr, dass der Weg, der zur Lösung eines Problems führt (ein Weg, der manchmal Jahrhunderte in Anspruch nehmen kann, wie beim Fermatschen Satz – nicht gerade eine Kleinigkeit), ein Weg ist, auf dem man an ein Wirkliches rührt, das mit einer Art inneren Komplexität ausgestattet ist. Die exakte Natur dieses Wirklichen ist wieder eine andere Diskussion. Doch jedenfalls hat man das Gefühl, an eine äußere Realität zu rühren, in dem Sinne, dass es sich nicht bloß um ein Fabrikat des Geistes handelt. Andernfalls wären die enorme Schwierigkeit und der außergewöhnliche Widerstand unverständlich, denen man begegnet, selbst wenn man nur gewisse Eigenschaften beweisen will, die dem Anschein nach ganz und gar elementar sind. Nehmen wir ein ganz und gar einfaches Problem: die Primzahlzwillinge. Das sind aufeinanderfolgende Primzahlen und zwar solche, bei denen die zweite Zahl gleich der ersten plus 2 ist. Also 5 und 7 oder 11 und 13 oder 71 und 73 … Die Frage ist: Gibt es eine unendliche Anzahl von Primzahlzwillingen? Offenbar werden sie umso „seltener", je weiter man in der Abfolge der Zahlen vorwärtsschreitet. Schließlich hat man unter Verwendung von äußerst leistungsfähigen Computern wirklich sehr große gefunden: Primzahlzwillinge, deren Schriftform mehr als 200.000 Ziffern umfasst! Angesichts der Unendlichkeit der Zahlen ist indes eine riesenhafte Zahl wie diese noch nichts Besonderes. Das ist bloß eine Demonstration, die vielleicht das Wirkliche des Problems berührt. Und weiter? Nun, noch immer weiß man nicht, ob man, wenn man die Folge der ganzen Zahlen weiterführt, stets und „bis ins Unendliche" neue Primzahlzwillinge finden wird. Wie kann man glauben, dass es hier nur unseren spielerischen Erfindungsgeist und keine andere Wirklichkeit gibt? Wie soll man nicht überzeugt sein, dass die Unendlichkeit der natürlichen Zahlen „existiert“, in einem Sinn, der allerdings noch geklärt werden sollte?

Meine eigentlich philosophische Schlussfolgerung lautet, dass die Mathematik in Wirklichkeit ganz einfach die Wissenschaft vom Sein als solchen ist, also das, was die Philosophen klassisch als Ontologie bezeichnen. Die Mathematik ist die Wissenschaft von der Gesamtheit des Seienden, wie es auf seiner absolut formalen Ebene erfasst wird; und aus eben diesem Grund können die paradoxen Erfindungen der Mathematik gelegentlich von der Physik für ihre Forschung verwendet werden. Es gibt auf diesem Gebiet äußerst erbauliche Beispiele: Das spektakulärste sind die komplexen bzw. die imaginären Zahlen, die eigentlich als reines Spiel erfunden wurden – man nannte sie sogar „imaginär“, um zu verdeutlichen, dass sie nicht existierten. Man konnte mit ihnen spielen, auch wenn sie nicht existierten. Dann aber wurden sie zu einem grundlegenden Werkzeug des Elektromagnetismus im 19. Jahrhundert, was in keiner Weise vorhersehbar gewesen war. Durch solcherlei Episoden verbietet sich der Gedanke, dass die Mathematik lediglich ein formales und willkürliches Spiel sei. Will man in Hinsicht auf das Seiende wissen, was es bedeutet, nur dessen Sein zu denken (also nicht die Tatsache, dass es ein Baum ist, ein Tümpel, ein Mensch, sondern die Tatsache, dass es *ist*), dann ist der einzige Weg, dies zu tun, offenbar, rein formale Strukturen zu denken, anders gesagt solche, die hinsichtlich ihrer materiellen Eigenschaften unbestimmt sind. Und die Wissenschaft dieser hinsichtlich ihrer materiellen Eigenschaften unbestimmten Strukturen ist die Mathematik. Die Mathematik hat sogar Formen erfunden – wie eben die imaginären Zahlen –, bevor man wusste oder sich überhaupt vorstellen konnte, dass diese tatsächlich irgendwo realisiert oder realisierbar waren.

Ein anderes spektakuläres und sehr bekanntes Beispiel ist die Theorie der Kegelschnitte. Eine Definition und Untersuchung der Ellipse wurde in der Spätantike vorgenommen, mit den *Konika* des Apollonius von Perge. Doch muss man sich bis zum Beginn des 17. Jahrhunderts gedulden, also etwa zweitausend Jahre, bevor man sich mit Kepler bewusst wird, dass der Umlauf der Planeten schließlich einer elliptischen Bahn gehorcht, während man sie sich bis dahin als Kreis gedacht hatte. In diesem Fall ist die Mathematik offenbar die auf der Ebene des reinen Seins vorweggenommene Erfindung einer Reihe formaler Dispositive, von denen sich zu einem späteren Zeitpunkt, abhängig von der wechselvollen und komplexen Geschichte der Naturwissenschaft, herausstellen wird, dass sie in stichhaltigen materiellen Modellen realisiert sind. In meinen Augen ist auch das ein Beweis dafür, dass die Mathematik an etwas Wirkliches rührt, allerdings auf einer Ebene, die nicht experimentell ist, da sie in jeder Erfahrung vorausgesetzt wird. Man sieht sehr schön, dass Apollonius von Perge das Sein als solches einer Planetenumlaufbahn dachte, ohne aber zu diesem Zeitpunkt zu wissen, dass es sich eben darum handelte. Aus diesem Grund weise ich auch die Theorie zurück, nach der sich die Mathematik aus der sinnlichen Erfahrung ableitet. Es ist umgekehrt: Das Wirkliche der sinnlichen Erfahrung ist nur denkbar, weil der mathematische Formalismus „im Voraus" die möglichen Formen alles Seienden denkt. Wie es Bachelard sagte, selbst die großen, in Experimenten verwendeten Instrumente, von Teleskopen bis zu gigantischen Teilchenbeschleunigern, sind „Materie gewordene Theorie“ und setzen für ihre Konstruktion äußerst komplexe mathematische Formalismen voraus. Eben hierdurch klärt sich meiner Meinung nach die geheimnisvolle Frage nach der Beziehung zwischen der Mathematik als Formalwissenschaft und den Experimentalwissenschaften wie der Physik.

Aber reicht das wirklich aus, um die Korrespondenz zu erklären zwischen den physikalischen Gesetzen, die das Wirkliche beherrschen, und den mathematischen Strukturen, die Idealheiten bleiben? Könnte die Mathematik gegebenenfalls nicht auch existieren, ohne dass die Materie und das Wirkliche deshalb physikalischen Gesetzen und Regelmäßigkeiten gehorchen, die noch dazu in mathematischer Sprache ausdrückbar sind?

Ich behaupte nicht, dass die Mathematik es „notwendig“ hätte, dass die von ihr untersuchten strukturellen Formen eines Tages von der Erfahrung validiert werden. Meine Formulierung ist: Die Mathematik ist Ontologie, d. h. die unabhängige Untersuchung der möglichen Formen der Vielheit als solcher, aller Vielheit, und damit alles Seienden – denn alles Seiende ist jedenfalls Vielheit. Diese Ontologie kann sich selbständig entwickeln: Die Theorie der Kurven zweiten Grades wurde entwickelt, lange bevor man sie auf die Planeten anwandte, das binäre Zahlensystem (nur aus 0 und 1 bestehend) kannte man, bevor es zum Kodierungsschlüssel der Informatik wurde usw. Das liegt daran, dass die „Idealheiten“, von denen Sie sprechen, in Wirklichkeit mögliche Formen des Seienden als solchen sind, und nicht als reine Formen erfahren zu werden brauchen, um von den Mathematikern erkannt – das heißt gedacht – zu werden.

Abgesehen davon kann die Inspiration auch umgekehrt vor sich gehen. Das deutlichste Beispiel hierfür ist die Differentialrechnung. Es steht außer Zweifel, dass ihre Entwicklung durch Leibniz und vor allem Newton weitgehend von der Frage der Bewegung bestimmt war, durch die Mechanik, die selbst durch die astronomische Revolution – Kepler, Galilei – erschüttert worden war, hintergründig also durch wirkliche Beobachtungen. Man kann sagen, dass, um den ontologischen Unterbau der rationalen Mechanik denken zu können, um Fragen der Art: „Was genau ist ein bewegter Körper?" oder gar „Was ist Beschleunigung?", zu beantworten, schlechthin ein neuer Kontinent der Mathematik erschlossen werden musste, wo von „Minimaldifferenz", von „Infinitesimal" und „Ableitung einer Funktion an einem Punkt" die Rede sein würde, schließlich von Grenzwert, Integral, Differentialgleichung usw. Sobald jedoch dieser Kontinent seine rein mathematische Form erhält, entwickelt er sich nach den der Ontologie eigenen Gesetzen, die axiomatisch und demonstrativ sind, in keiner Weise jedoch experimentell. Man braucht sich nur Cauchys endgültige Definition des Grenzwerts anzusehen. Die „intuitive" Vorstellung ist die eines Bewegten, das sich einem Punkt annähert, dem Grenzwert seiner Bewegung. Im ontologischen, das heißt mathematischen, Jargon wird daraus: „Angenommen eine Folge reeller Zahlen S_n, wobei n von 0 bis unendlich geht. Man sagt, L ist der Grenzwert dieser Folge, wenn für jede gegebene reelle Zahl ε, so klein sie auch sein mag, eine ganze Zahl n existiert, sodass gilt $|L-S_n| < \varepsilon$". Diese Definition lässt die zugrundeliegende – und anfänglich wirksame – Intuition in den eiskalten Gewässern der symbolischen Mathematik verschwinden.

Wenn es vorkommt, dass die Naturgesetze Regelmäßigkeiten gehorchen, die nur in mathematischer Sprache zu formalisieren sind, dann einzig deshalb, weil diese Sprache immer schon darauf abzielt, die möglichen Formen all dessen zu denken, was in seinem Wesen auf eine gewisse Kohärenz gegründet ist. Nun, das Seiende setzt sich tatsächlich aus Vielheiten zusammen, die mit einer gewissen Kohärenz ausgestattet sind. Wäre dies nicht der Fall, so würde das bedeuten, dass einzig ein jederzeit völlig instabiles Chaos existierte. Diesbezüglich zeigt in vernünftiger Weise die Erfahrung – unumgänglich, wenn von Physik die Rede ist –, dass dies im Allgemeinen nicht zutrifft: Wir beobachten Regelmäßigkeiten, kohärente Objekte, einen festen Himmel, unveränderliche Bewegungen usw. Daher die Überschneidung von Physik und Mathematik, welche die Unabhängigkeit der Mathematik als Denkverfahren nicht hintertreibt, sondern voraussetzt.

IV. Versuch einer auf die Mathematik gestützten Metaphysik

Ich möchte nun gern mit Ihnen genauer darüber sprechen, in welcher Weise die Mathematik Ihre persönliche philosophische Arbeit inspiriert hat. Die von Ihnen entwickelte Metaphysik stellt, wenn nicht gerade einen Propagandaakt (!), so zumindest einen Versuch dar, Philosophie und Mathematik wieder miteinander zu verknüpfen. Wie fügen die eine und die andere sich in Ihrem philosophischen System ineinander?

Worin besteht seit mittlerweile wohl dreißig Jahren meine philosophische Strategie? Darin, das zu etablieren, was ich als *Immanenz der Wahrheiten* bezeichne. Wie bereits gesagt, nenne ich Wahrheiten (stets im Plural, „die" Wahrheit gibt es nicht) singuläre Schöpfungen von universellem Wert: Kunstwerke, wissenschaftliche Theorien, emanzipatorische Politiken, Liebesleidenschaften. Sagen wir, um uns möglichst knapp zu fassen: Die wissenschaftlichen Theorien sind Wahrheiten, die das Sein selbst betreffen (Mathematik), oder die „Naturgesetze" der Welten, von denen wir experimentelle Kenntnis erlangen können (Physik und Biologie). Politische Wahrheiten betreffen die Strukturierung der Gesellschaften, die Gesetze des kollektiven Lebens und seiner Umgestaltung – all dies im Lichte universeller Prinzipien wie der Freiheit und heutzutage vor allem der Gleichheit. Künstlerische Wahrheiten beziehen sich auf die formale Konsistenz abgeschlossener Arbeiten, die sublimieren, wofür unsere

Sinne empfänglich sind: Musik fürs Gehör, Malerei und Skulptur für das Sehen, Poesie für das Wort … Die romantischen Wahrheiten schließlich beziehen sich auf das dialektische Potential, das der Tatsache innewohnt, die Welt nicht von der Warte des Einzelnen, der individuellen Singularität aus zu erfahren, sondern aus der Warte der Zwei, folglich in einer radikalen Annahme des Anderen. Diese Wahrheiten sind, wie man sieht, nicht philosophischen Ursprungs oder philosophischer Natur. Mein Ziel ist jedoch, die (philosophische) Kategorie der Wahrheit zu retten, die für diese Wahrheiten kennzeichnend ist und ihnen ihren Namen gibt, wobei ich anerkenne, dass eine Wahrheit folgende Eigenschaften aufweisen kann:

– Sie ist absolut, wenngleich sie ein lokalisiertes Konstrukt darstellt;

– sie ist ewig, wenngleich sie Ergebnis eines Prozesses ist, der in einer bestimmten Welt seinen Ausgang nimmt (in Gestalt eines Ereignisses dieser Welt) und folglich der Zeit dieser Welt angehört.

Diese beiden Eigenschaften machen erforderlich, dass die – wissenschaftlichen, ästhetischen, politischen oder existentiellen – Wahrheiten unendlich sind, ohne dass sie deswegen auf die Vorstellung eines Gottes, in welcher Gestalt auch immer, rekurrieren. Man muss also offenbar mit der Frage beginnen: Auf was für eine Ontologie des Unendlichseins, die in keiner Weise religiös ist und jegliche Transzendenz ausschließt, kann ich mein Projekt gründen? Dies ist der Ausgangspunkt eines langen Wegs, auf dem sich radikale Neuerungen – insbesondere mathematische – einschalten, die das Unendliche oder, genauer, die Unendlichkeiten betreffen.

Und an diesem Punkt nun setzt sich die Mathematik durch?

Allgemeiner gefasst würde ich das, was die Mathematik schließlich ermöglicht, das, wofür sie sich – ohne es selbst zu wissen oder sich wirklich Gedanken darüber zu machen – als spekulative Ressource dem Philosophen anbietet, der sich bemüht, den zeitgenössischen Relativismus zu überwinden und den universellen Wert der Wahrheiten wiederherzustellen, die Möglichkeit einer absoluten Ontologie nennen. Heute gilt es zum Beispiel beinah als anerkannt, dass der Kunstgeschmack eine Frage der lokalen Kultur, der besonderen „Zivilisation" ist; oder auch dass die Liebe eine zufällige und kündbare Wahl darstellt, die zu einem Partnerschaftsvertrag mit gegenseitigen Vorteilen führen soll. In der Politik hält man für erwiesen, dass es keine Wahrheit gibt, sondern nur wankelmütige Meinungen, die man empirisch bestmöglich zusammenstellen muss. Ich bin überzeugt, dass, ganz im Gegenteil, absolute Wahrheiten existieren, die zwar zum Zeitpunkt ihrer Entstehung einem bestimmten Boden abgetrotzt werden (einem geschichtlichen Zeitpunkt, einem Land, einer Sprache …), die jedoch so beschaffen sind, dass ihre Bedeutung sich verallgemeinert. Zum Beweis dafür muss ich zeigen, dass sich innerhalb meiner Ontologie des Multiplen eine neue Dialektik des Endlichen und Unendlichen organisieren lässt und damit auch ein völlig neues Verhältnis zwischen unserem „gewöhnlichen" Dasein und unserem Dasein in Bezug auf eine absolute Wahrheit. Ich habe das auch „unter der Macht einer Idee leben" genannt. Oder freilich: „wahres Leben".

Aber was ist unter einer „absoluten Ontologie" zu verstehen?

Ich meine mit „absoluter Ontologie" das Vorhandensein eines Bezugsuniversums – eines Orts für den Gedanken des Seins als solchen –, das mit vier Merkmalen ausgestattet ist:

1. Es ist unbeweglich, insofern es zwar das Denken der Bewegung ermöglicht, wie im Übrigen alles rationale Denken, selbst jedoch außerhalb dieser Kategorie steht. Bedenken Sie zum Beispiel gerade den Fall der Bewegung: Eine wirkliche Bewegung findet in einer Welt statt, sie ist es etwas Partikulares. Doch die mathematische Gleichung, die den Gedanken der Bewegung formalisiert, hat selbst keinen eigenen Ort, abgesehen eben von ihrer mathematischen Absolutheit. Ein Stein fällt an einem bestimmten Ort, doch der Beschleunigungswert seiner Fallbewegung, wie er von der Newtonschen Physik berechnet wird, unterscheidet sich in seiner Form nicht, wenn es sich um einen anderen Stein an einer anderen Stelle handelt.

2. Es ist in seinem Sein aus dem Nichts heraus als Ganzes verständlich. Oder: Es existiert keine Entität, aus der es sich zusammensetzen würde. Oder auch: Es ist nichtatomisch.

Nehmen Sie zum Beispiel eine revolutionäre Ansammlung, einen Aufstand, der in die Geschichte eingehen wird, etwa die Erstürmung der Bastille. Rein in seiner politischen Bedeutung betrachtet, als Emblem, als Bezugswert, absoluter Anfangspunkt eines Prozesses, ist dieses Ereignis nicht in distinkte Einheiten zerlegbar. Es ist nicht das Ergebnis einer Summe von Faktoren, sondern „absolut" in dem Sinn, dass, wenngleich es in allen seinen Elementen partikular ist (die anwesenden Menschen, die Abfolge der Handlungen …), diese Partikularität in einer ereignishaften Synthese verschwindet, die sich nicht in Minimalkomponenten zerlegen lässt.

3. Es lässt sich also einzig ausgehend von den Axiomen oder Prinzipien, denen es entspricht, beschreiben oder denken. Es gibt keine Erfahrung von ihm, noch

auch irgendeine Konstruktion, die von einer Erfahrung abhängig ist. Es ist in radikaler Weise nicht empirisch. Man kann auch sagen, dass es (für das Denken) existiert, obwohl es nicht *ist*.

Diese Eigenschaft ermöglicht uns zu verstehen, was es damit auf sich hat, wenn man von einem Ereignis oder einem Werk (dem Mai 1968, der Relativität, Heloise und Abaelard, Picassos *Guernica*) sagt, es sei eine Errungenschaft für die gesamte Menschheit: Man teilt also hinsichtlich dessen, wovon man spricht, gewisse Grundsätze – politische, wissenschaftliche, künstlerische oder romantische –, die es erlauben, einen universellen Wert zu behaupten. Die Beschreibung allein gestattet hier nicht, Schlüsse zu ziehen – es braucht die Vermittlung von etwas, was axiomatisch ein Prinzip darstellt. Jede Absolutheit ist axiomatisch, und folglich ist auch jede Behauptung des universellen Wertes eines Werks oder eines Ereignisses axiomatisch.

4. Es gehorcht einem maximalistischen Prinzip in dem Sinn, dass jede geistige Entität, deren Existenz ohne Widerspruch aus den Axiomen abgeleitet werden kann, welche sie vorschreiben, allein dadurch tatsächlich existiert.

Sie können angesichts einer eben stattfindenden politischen Handlung von der russischen Revolution von 1917 sprechen, in dem Sinne, dass Sie sich auf diese berufen, wenn Sie ins Feld führen können, inwiefern dieser oder jener Aspekt Ihres Handelns mit den Grundsätzen in Einklang steht, derentwegen Sie meinen, dass der russischen Revolution ein absoluter Wert zukommt. In diesem Sinn koexistieren Sie, wenn ich so sagen darf, mit der russischen Revolution „außerzeitlich" als gemeinsame Konsequenz dieser Grundsätze.

Wir müssen uns also von Gott lossagen, ohne auch nur irgendeinen seiner Vorzüge einzubüßen. Wir benötigen eine immanente und absolute ontologische Sicherheit, die vollständig auf Seiten des einfachen Vielfachen als solchen, auf Seiten des der bestehenden Welt Immanenten steht, während wir an den vier entscheidenden Grundsätzen festhalten: der Unbeweglichkeit, der Zusammensetzung aus dem Nichts, der rein axiomatischen Ordnung und dem Prinzip des Maximalismus.

Dies erscheint als beinah unmögliche Aufgabe: In der metaphysischen Tradition ist der Garant des Unendlichen und der Absolutheit transzendent. Selbst für Hegel bleibt das Absolute, das geschichtlich ist, das „Werden seiner selbst", auf jeden Fall bleibt es Eines, und es verfügt über eine unendliche Einigkeit, um derentwillen man es noch Gott nennen kann. Nun scheinen Sie das Vielfache als solches verabsolutieren zu wollen. Kommt Ihnen die Mathematik hierbei zu Hilfe?

Genauso ist es. Die Mengenlehre, die sich ebenso gut die gesamte Mathematik eingliedern könnte, wie es die Formalisierungen Zermelos und Fraenkels und der gigantische Versuch der französischen Gruppe Bourbaki gezeigt haben, ist eine absolute Theorie des undifferenzierten Multiplen (welches zunächst keine andere Eigenschaft hat, als multipel zu sein). Seit *Das Sein und das Ereignis* (1988) steht also mein Vorschlag im Raum, schlicht und einfach die Mengenlehre als mathematische Grundbedingung in die philosophische Reflexion zu integrieren, um das Ziel der Rettung der Absolutheit der Wahrheiten zu erreichen, ohne dabei auf einen Gott zurückzugreifen.

War die Mathematik also Ihr alleiniger Leitfaden? Gewissermaßen die Ariadne des philosophischen Theseus im Labyrinth des Absoluten?

Jedenfalls lässt sich ohne große Mühe zeigen, dass die Mengenlehre den vier Prinzipien der Absolutheit gehorcht, die ich Ihnen gerade aufgezählt habe.

Unbeweglichkeit:

Die Theorie beschäftigt sich mit Mengen, für die der Begriff der Bewegung überhaupt keine Bedeutung hat. Diese Mengen sind extensional, das heißt, sie sind vollständig durch ihre Elemente definiert, durch das, was ihnen angehört. Zwei Mengen, die nicht exakt dieselben Elemente haben, sind absolut unterschiedlich. Also kann eine Menge als solche sich nicht verändern, da sie, wenn auch nur ein Punkt in ihrem Sein modifiziert wird, dieses zur Gänze einbüßt.

Zusammensetzung aus dem Nichts:

Die Theorie setzt kein Urelement an den Anfang, kein Atom, keine positive Singularität. Die gesamte Hierarchie der Vielfachen wird auf dem Nichts aufgebaut, in dem Sinn, dass es ausreichend ist, das Vorhandensein einer leeren Menge zu behaupten, einer Menge, die kein einziges Element hat und die eben daher der reine Name des Unbestimmten ist.

Axiomatische Vorschreibung:

Die Existenz dieser oder jener Menge wird zunächst einzig und allein entweder aus dem Leeren erschlossen, wie es einführend verkündet wurde, oder aus Konstruktionen, die durch die Axiome autorisiert sind. Diese Existenz wird außerdem einzig durch das Prinzip des Nicht-Widerspruchs garantiert, das man auf die Folgen der Axiome anwendet.

Offensichtlich ist es eine *a priori* unbeantwortbare Frage, ob diese Axiome, historisch durch die Gemeinde der Mathematiker selektioniert, die bestmöglichen sind, und vor allem, ob sie hinreichend sind, das Multipel-Sein als

Sein zu denken. Darüber entscheidet die Geschichte der – mathematischen und philosophischen – Ontologie. Man kann gar nicht anders, als ein Prinzip der Offenheit zuzulassen, das als der vierte Punkt seine Formulierung findet.

Maximalismus:

Den Axiomen der Theorie lässt sich jederzeit ein Axiom hinzufügen, das die Existenz einer bestimmten Menge vorschreibt, vorausgesetzt man beweist, wenn das möglich ist, dass diese Hinzufügung zu keiner logischen Inkonsistenz im Gesamtgebäude führt. Diese zusätzlichen Axiome werden im Allgemeinen Unendlichkeitsaxiome genannt, denn sie definieren und behaupten das Vorhandensein einer ganzen Hierarchie immer mächtigerer Unendlichkeiten.

Dieser letzte Punkt ist für das Ziel, das ich mir setze (die Unendlichkeit einer jeden Wahrheit zu etablieren), offensichtlich von höchster Bedeutung. Dass diese Theorie keine monotheistische Theorie ist oder sein kann, ergibt sich aus einem wohlbekannten Beweis: dem Beweis der Nichtexistenz des Einen. In der Tat, wenn man das Eine so auffasst – und das ist in Hinsicht auf eine ontologische Garantie unvermeidlich –, wie es Lehrsatz XV aus dem ersten Buch von Spinozas *Ethik* bekräftigt: „Alles, was ist, ist in Gott, und nichts kann ohne Gott sein, noch begriffen werden“, dann muss man zugeben, dass jede partikulare Vielheit, jede Menge, ein Teil dieses Einen ist, welches somit zu Recht Gott genannt wird. Und das gerade ist mathematisch unmöglich: Es lässt sich tatsächlich beweisen – ein sehr hübscher und sehr einfacher Beweis –, dass es keine Menge aller Mengen geben kann. Wenn das axiomatisierte Multiple die immanente Form des Seins als Sein ist, so kann doch unmöglich *ein* Sein von solcher Art existieren, dass jedes Sein in ihm enthalten wäre, denn das müsste eine Vielheit aller Vielheiten sein, was nun präzise auf einen Widerspruch hinausläuft.

Wenn aber die von der Mathematik formalisierten Vielheiten selbst keine Menge bilden, die wirklich Eines ist, was ist dann der Daseinsbereich der Objekte (der Vielheiten), welche die Mengenlehre untersucht?

Der Ausweg ist, anfangs nur vom Axiomensystem zu sprechen. Konventionell bezeichnet man mit V, dem Buchstaben V, der sozusagen formal für das Vakuum steht, die große Leere, den Ort (der eigentlich nicht besteht, da er nicht multipel ist) all dessen, was sich aus den Axiomen konstruieren lässt. Was sich metaphorisch „in V" befindet, das kann dem axiomatischen Imperativ der Mengentheorie gerecht werden. Das bedeutet, dass V in Wirklichkeit nur die Gesamtheit der ausgehend von den Axiomen dieser Theorie beweisbaren Sätze darstellt. Es handelt sich um eine allein sprachliche Wesenheit. Es ist üblich, solche sprachliche Wesenheiten Klassen zu nennen – man wird also sagen, V sei die Klasse der Mengen, dabei jedoch im Gedächtnis behalten, dass es sich hierbei um eine nicht darstellbare oder referenzlose theoretische Wesenheit handelt, insofern eben sie der Ort der absoluten Referenz ist. V existiert als möglicher und äußerster Ort der Experimente des mathematischen Denkens, der Entscheidungen und Beweise. Doch als Menge, als Totalität ist es ohne Sein, denn ein Sein zu haben, heißt gerade, eine Vielheit zu sein, also zu V zu gehören, was V selbst nicht tun kann.

In Anbetracht der Annahme, dass ein solches V „existiere", ohne allerdings zu *sein*, wird die Frage der Beziehungen und Nicht-Beziehungen zwischen dem Endlichen und dem Unendlichen auftreten und damit der rationale Rahmen sowohl einer Ontologie des Unendlichen (oder, genauer gesagt, *der* Unendlichen) wie auch einer Kritik der Endlichkeit.

Und hier nun wollen Sie zu der innigen Verbindung zwischen mathematischer Ontologie einerseits und der philosophischen Theorie des Wahrheitsbegriffs andererseits kommen?

Ganz genau. Ich werde ganz einfach Folgendes sagen: Das Sein ist Vielheit. Die rationale Theorie der verschiedenen möglichen Formen des Multiplen ist die Mengenlehre. Auch eine Wahrheit ist, wie alles, was existiert, ein Multiples. Wie kann ein Multiples der Träger eines universellen Wertes sein? Ich suche nun also in der Mathematik eine Spur, die in diese Richtung führt. Hier zieht ein Adjektiv meine Aufmerksamkeit auf sich, das man in einem ganz jungen Teilgebiet der Mengenlehre findet (es taucht im Jahr 1962 auf): das Adjektiv „generisch". Es gibt „generische" Vielheiten, wie sie der Mathematiker Paul Cohen definiert. Ich werde nun nicht erklären, was das ist – das wäre zu lang und zu kompliziert –, doch ich mache es mit großer Sorgfalt in *Das Sein und das Ereignis*. Allerdings kann ich hier anmerken, dass Marx in den *Manuskripten aus dem Jahre 1844* vom Proletariat präzise als von einer „generischen" gesellschaftlichen Menge spricht. Und was will er sagen? Nichts anderes, als dass im Proletariat eine universelle Wahrheit liegt, dass die proletarische Revolution die gesamte Menschheit emanzipieren wird. Also kann ich die folgende Hypothese anbringen: Das Wesen einer Wahrheit, das, was ihr universelle Gestalt verleiht, ist es, eine generische Menge zu sein. Das „Verschweißen" einer mathematischen Entdeckung (Cohen 1962) und eines philosophischen Lehrsatzes (Badiou 1988) findet hier gewissermaßen zu seiner reinen Form.

V. Macht die Mathematik glücklich?

Sie vertreten eine zunächst etwas überraschende These, der zufolge die Mathematik, weit davon entfernt, eine strenge, einer Kaste von Spezialisten vorbehaltene Übung zu sein, der kürzeste Weg zu dem ist, was Sie das „wahre Leben“ nennen, mit anderen Worten das glückliche Leben. Machen Mathematiker in Ihren Augen einen glücklicheren Eindruck als andere?

Hören Sie, das ist ja nun nicht mein Problem! Es ist deshalb nicht mein Problem, weil keineswegs feststeht, dass die schöpferischen Geister in der Mathematik vom Gesichtspunkt des Daseins, des Lebens, den bestmöglichen Gebrauch von ihr machen. Der Mathematiker ist schon der Definition nach ganz und gar der mathematischen Produktion immanent, und es ist gut möglich, dass das, wie jede intensive Subjektivierung, eine gehörige Dosis Seelenqual mit sich bringt. Sehen Sie sich beispielsweise die Schroffheit an, mit der Grothendieck, zweifellos der größte Mathematiker der zweiten Hälfte des 20. Jahrhunderts, mit dem mathematischen Milieu brach und in gewissem Sinne mit der Mathematik selbst, zumindest öffentlich. Er ist in den Süden gegangen, um Schafe zu züchten und sich mit Ökologie zu beschäftigen. Davon abgesehen bringt diese Seelenqual in der mathematischen Produktion durch dieses innige Verhältnis zur Ontologie auch Momente der Begeisterung oder der Ekstase mit sich. Diese Dialektik existiert jeweils als individueller Einzelfall, ich kann natürlich keine Theorie dazu vorlegen.

Aber vielleicht ein persönliches Beispiel?

Man muss sich jedenfalls vor Augen halten, worin konkret die mathematische Arbeit besteht, selbst auf der Stufe der einfachen Lehrzeit. Ich erinnere mich zum Beispiel an eine Nacht, die ich vor sehr langer Zeit damit zubrachte, den Beweis eines philosophisch spannenden Theorems zu verstehen, des Fundamentalsatzes von Cantor, der im Wesentlichen besagt, dass es in einer Menge stets mehr Teilmengen gibt als Elemente. Ich möchte Ihnen eine Vorstellung von dieser nächtlichen Erfahrung vermitteln, von dem intensiven Glücksgefühl, das ich empfand, als ich begriff – sowohl den Beweis als auch seine philosophische Tragweite.

Fangen wir mit dem Einfachsten an. Eine Vielheit, sagen wir E, setzt sich aus Elementen zusammen, sagen wir x, y usw. Man beachte, dass x, y und die anderen ebenfalls Mengen sind, dass sie hier jedoch als Elemente einer anderen Menge, E, figurieren.

Jede beliebige Gruppierung der Elemente von E bildet eine Teilmenge von E. So ist zum Beispiel das Paar aus x und y, das man als {x, y} schreibt, eine Teilmenge von E.

Es steht fest, dass es zumindest so viele Teilmengen von E gibt wie Elemente. Tatsächlich entspricht jedem Element x eine Teilmenge, die Menge, deren einziges Element x ist, eine Menge, die als {x} notiert und als Einermenge (Singleton) von x bezeichnet wird. Beachten Sie den Unterschied zwischen x und {x}: x ist, wie alles, was es in der Mengenlehre gibt, eine Menge, die, wie ich sagte, eine große Anzahl von Elementen haben kann, während die Einermenge von x eine Menge ist, die in strengem Sinn nur ein einziges Element besitzt, nämlich x.

Da es zu jedem Element x von E die entsprechende Teilmenge {x} gibt, existieren mit Sicherheit zumindest gleichviele Teilmengen wie Elemente. Anders gesagt, es können nicht weniger Teilmengen vorhanden sein als Elemente. Kann es nun sein, dass genauso viele Teilmengen existieren wie Elemente? Wenn dies nicht der Fall ist, werden wir sicher sein, dass mehr Teilmengen vorhanden sind als Elemente – da es ja nicht weniger geben kann und auch nicht gleich viele …

Der Satz von Cantor zeigt nicht direkt, dass mehr Teilmengen vorhanden sind als Elemente, sondern dass es unmöglich ebenso viele Teilmengen geben kann wie Elemente. Das ist es, was man eine indirekte Argumentation nennen kann: Man konstruiert nicht direkt die Tatsache, dass mehr Teilmengen existieren als Elemente, sondern gelangt auf negative Weise zu ihr, durch den Nachweis, dass es unmöglich gleichviele geben kann (während man bereits weiß, dass es auch nicht weniger geben kann).

Die Negation wird in dieser Sache noch eine bedeutendere Rolle spielen, die mich immer wieder fasziniert. Wir finden hier die Argumentation *ad absurdum* wieder, von der ich sprach, als von Parmenides und dem Ursprung der griechischen Mathematik die Rede war. Denn man zeigt nicht direkt, dass unmöglich ebenso viele Teilmengen wie Elemente existieren können – man beweist, dass *dies unmöglich möglich sein kann*. In der Tat nimmt man zunächst an, dass eine Menge E existiere, die gleich viele Teilmengen hat wie Elemente. Dann konstruiert man eine „unmögliche", widersprüchliche Teilmenge, die diese Ausgangshypothese zunichtemacht. Hierin eben findet sich meiner Ansicht nach die typischste Verfahrensweise der mathematischen Argumentation – wie ich schon sagte: Man nimmt das Falsche an, und aus den unzulässigen Folgen des Falschen ergibt sich zwingend die Behauptung des Richtigen.

Nehmen wir also an, es existiere E mit ebenso vielen Elementen wie Teilmengen. Das heißt so viel wie: Es gibt eine genaue und vollständige Entsprechung zwischen sämtlichen Elementen x, y, z … von E und sämtlichen Teilmengen (nennen wir sie A, B, C …) von E. Ein einprägsames Bild wäre es zu sagen, dass jede Teilmenge einen Namen hat – das ist das Element, das ihr entspricht; dass jedes Element der Name einer Teilmenge ist; dass zwei verschiedene Teilmengen zwei unterschiedliche Elemente-Namen haben; und dass zwei unterschiedlichen Elemente-Namen zwei verschiedene Teilmengen entsprechen. Mit diesen Regeln (die Mathematiker nennen so etwas eine „biunivoke Entsprechung“ zwischen Elementen und Teilmengen) kann man sagen, die Teilmenge A werde von einem Element x „benannt“, die Teilmenge B von einem Element y usw. Da die Entsprechung umfassend und vollständig ist, werden bei dieser „Benennung“ sämtliche Teilmengen und sämtliche Elemente verwendet.

Daraufhin nun konstruiert man auf eine Art, die mir in der Nacht, von der ich spreche, fast als Zaubertrick erschien, eine „unmögliche“ Teilmenge. Zu diesem Zweck (und das ist der geniale Einfall) unterscheidet man zwei Sorten von Elementen von E: die Elemente, die der Teilmenge angehören, die sie benennen (sagen wir: z ist das Element von E, das die Teilmenge B benennt, und es gehört der Teilmenge B an); und die Elemente, die nicht der Teilmenge angehören, die sie benennen (sagen wir, y ist das Element von E, das die Teilmenge C benennt, aber es ist kein Element von C). Diese Unterteilung ist streng und total: Offensichtlich befindet sich ein Element entweder in der Teilmenge, die es benennt, oder nicht – es gibt keine dritte Möglichkeit.

Betrachten wir nun alle Elemente von E, welche die folgende Eigenschaft haben: Sie sind nicht Element der Teilmenge, die sie benennen. Dies bildet eine Teilmenge von E (eine Teilmenge von E ist jede beliebige Menge von Elementen von E). Nennen wir diese Teilmenge P (für „paradox“). Da sie eine Teilmenge von E ist, wird sie von einem Element von E benannt, sagen wir x_p. Nun gibt es bloß zwei Möglichkeiten: Entweder ist x_p kein Element von P – dann hat es die Eigenschaft der Elemente, welche die Teilmenge P bilden, nämlich nicht der Teilmenge anzugehören, die sie benennen, und folglich gehört es zu P. Ein flagranter Widerspruch: Aus der Annahme, dass x_p nicht P angehört, folgt, dass es P angehört! Es gehört mithin zu P. Dann jedoch muss es die Eigenschaft von Elementen in P haben, nämlich nicht zu der Teilmenge zu gehören, die sie benennen. Aber x_p benennt gerade P und dürfte also nicht zu P gehören. Noch ein Widerspruch: Aus der Annahme, dass x_p zu P gehört, folgt, dass es das nicht tut!

Was ist aus alldem zu schließen? Es ist offensichtlich, dass die Aussage, von der wir ausgegangen sind (es gibt ebenso viele Elemente wie Teilmengen, jedes Element benennt eine Teilmenge usw.), falsch ist. Es gibt also mehr Teilmengen als Elemente.

Am Ende habe ich den philosophischen Gedanken in diesem bemerkenswerten Gedankengang begriffen: Im Zuge des Arguments *ad absurdum* verlegt man sich aus strategischen Gründen auf eine Position, die man in Wirklichkeit für falsch hält. Man untersucht die Folgen dieser Position. Und wenn man Recht hat (d. h., wenn die strategische Position eine falsche ist), dann hat man gute Chancen, eine regelrecht unmögliche Konsequenz vorzufinden.

Mit anderen Worten, man gelangt zum Wahren, indem man das Unmögliche aus dem Falschen hervorbringt. Nun denn, wenn man das begriffen hat, mitten in der Nacht, wenn man jung ist und es einen danach verlangt, sich überraschen und zugleich überwältigen zu lassen, dann wird man selig sein! Als Beigabe erhält man ein politisches Schema: Die Tatsache, dass es in einer Menge mehr Teilmengen als Elemente gibt, bedeutet, dass der Reichtum, die profunde Kraftquelle des Kollektiven (der Teilmengen), die Menge der Individuen übersteigt. Der Satz von Cantor widerlegt auf einer abstrakten Ebene die zeitgenössische Vorherrschaft des Individualismus.

Sie sprachen von Zauberei: Dass man über ein Falsches, vermittelt durch das Unmögliche, zur Wahrheit kommt, ist tatsächlich ziemlich unbegreiflich.

Man könnte sagen: Die Mathematik hüllt sich gewissermaßen in ein Geheimnis, doch dieses Geheimnis ist letztendlich eines, das offen zutage liegt. Es ist allerdings wahr, dass sich schon auf dieser rein praktischen Ebene ein unvergleichliches Vergnügen erfahren lässt. Um – sehr elementar – mit Freud zu sprechen: Wir haben es hier mit der kindlichen Vermischung von Rätsel und Vergnügen zu tun, denn man „sieht“ etwas, was man zuvor nicht gesehen hat. Aus dem Falschen geht Wahres hervor. Das Wirkliche tritt in dem Moment zutage, da man einen „unmöglichen“ Gegenstand findet. Was Freud angeht, weiß man sehr gut, um was für ein Objekt es sich handelt. Beim Mathematiker ist das zweifellos nicht genau dasselbe, doch es gibt einen Bezug, insofern die mathematische Beweisführung die Wegstrecke eines Sehens konstituiert. Man fasst alles zusammen, wenn man alles verstanden hat. Nicht länger besteht dann die Erinnerung an die Sache aus den mühsamen Zwischenschritten, den endlosen Berechnungen, in denen man sich verliert – die Erinnerung besteht darin, dass man begriffen hat. Nun, wenn man etwas begriffen und erfasst hat, dann hat man etwas gesehen, was man zuvor nicht gesehen hatte, und dieses unbeschreibliche Vergnügen ist es, was übrigbleibt.

Ich denke, dieses Gefühl ist paradigmatisch für das, was der Philosoph Glück nennen kann; dieser Gedanke ist im Übrigen nicht meine Erfindung. Sie wissen, dass Spinoza am Ende der *Ethik* von der intellektuellen Glückseligkeit spricht. Intellektuelle Glückseligkeit, die eben in der Tatsache besteht, zu einer angemessenen Vorstellung gelangt zu sein. Und tatsächlich sind die einzigen Beispiele für adäquate Ideen, die er gibt, auf die Mathematik gestützt. Er erklärt, dass man sich mit einer adäquaten Idee, einer Idee dritter Gattung, nicht länger in der Beweisentfaltung befindet – das wäre noch die zweite Erkenntnisgattung –; man befindet sich nicht mehr auf dem trockenen Feld der Beweisführung, in der mathematischen Übung, sondern in der zusammenfassenden Synthese. So nenne ich den Augenblick, in dem man verstanden hat – Lacan spricht, als wahrer Freudianer, vom „Moment des Verstehens“. Natürlich muss man durch die mühsamen Zwischenschritte des Beweises hindurch, doch es gibt einen Augenblick, wo ein Licht aufgeht. Eben das nennt Spinoza die adäquate Idee, die dritte Erkenntnisgattung, und das ist für ihn ganz einfach jenes Gesicht des Glücks, das er *beatitudo intellectualis* nennt, intellektuelle Glückseligkeit.

Ist dieses Glück des Begreifens aber wirklich eine Besonderheit der Mathematik? Empfindet man es nicht zum Beispiel ebenso in der Philosophie, wenn die Lektüre eines klassischen Autors plötzlich ein neues Licht auf unsere Lebenserfahrung zu werfen scheint? Ist das Gefühl der Überwindung einer Schwierigkeit, das Sie beschreiben, nicht analog dem Gefühl eines Sportlers, dem es nach langen Stunden des Trainings gelingt, eine schwierige Bewegung ganz natürlich zu meistern?

Ich würde nicht behaupten, dass die Mathematik ein Monopol auf das Glück innehat! Allerdings ist die Freude des Sportlers narzisstisch – ihm ist, als einem Ego, etwas gelungen. Wohingegen die Freude, die man in der Mathematik empfindet, unmittelbar universell ist: Man weiß, dass das, was man empfindet, jeder andere ebenso empfinden wird, wenn er diese Argumentation verfolgt und für sich entdeckt. Das Glück ist, in der Mathematik mehr als anderswo, der schwierige Genuss am Allgemeinen. Wohlgemerkt, auch die Philosophie strebt danach, das Subjekt auf dieses Glück hin auszurichten. Doch ich erinnere daran: Die Philosophie, ihren Bedingungen zugewandt, zeigt unter dem Gattungsnamen „Wahrheiten" an, wo die Quellen des Glücks zu finden sind, mehr als dass sie selbst eine dieser Quellen wäre.

Haben Sie persönlich noch heute Vergnügen daran, Mathematik zu treiben? Verschafft sie Ihnen ein Glück, das der Philosophie vergleichbar ist?

Ich wiederhole: Ich behaupte nicht, dass die Philosophie als solche unvergleichbares Glück hervorruft, ganz und gar nicht. Die wahre Wurzel des Glücks liegt in der subjektiven Anteilnahme an einem Wahrheitsverfahren: Es besteht in der Begeisterung an den Gipfelpunkten eines kollektiven politischen Engagements; dem Genuss, den man aus einem Kunstwerk zieht, das einen in besonderer Weise berührt; der Freude, endlich einen subtilen Lehrsatz zu verstehen, der ein ganzes Feld neuer Gedanken eröffnet; den Ekstasen der Liebe, die man erlebt, wenn man zu zweit den abgeschlossenen, vollkommen begrenzten Charakter der Wahrnehmungen und Affekte eines Einzelnen überwindet. Ich will damit sagen, dass die Philosophie einen Begriff von „Wahrheit" erschafft, der den neuen Wahrheiten ihrer Zeit angemessen ist, und somit die möglichen Wege des Subjekt-Werdens anzeigt, Wege, die versperrt sind durch die herrschenden Meinungen, welche die Vormacht der individuellen Genüsse und/oder den Kult des Konformismus und des Gehorsam vorbereiten. Die Philosophie ist nicht ein glückliches Praktizieren des Daseins einiger realer Wahrheiten, sondern vielmehr gewissermaßen eine Vorstellung der *Möglichkeit* der Wahrheiten – so lehrt sie uns die Möglichkeit des Glücks. Deshalb nenne ich sie „Metaphysik des Glücks" und nicht „Theorie des Glücks". Das ist der Rahmen, in dem ich nach wie vor mit großer Freude Mathematik praktiziere. Umso mehr, als die mathematischen Wahrheiten eine entscheidende Rolle in der Metaphysik spielen, die ich vorgelegt habe.

Ich würde gern für einen Augenblick auf die Frage des Glücks zurückkommen, wenn es sich denn überhaupt klar definieren lässt. Glauben Sie, in der Nachfolge der allermeis-

ten Philosophen des Altertums, dass es den unbedingten Horizont einer jeden Philosophie darstellt?

Tatsächlich meine ich, dass die Philosophie kein anderes Ziel hat als eben dieses: jedem Menschen die Gelegenheit zu geben, zu begreifen, was im Bereich seiner eigenen Lebenserfahrung eine glückliche Orientierung ist. Man könnte auch sagen: allen Menschen die Gewissheit zu verschaffen, dass das wahre Leben, nämlich das eines in freier Weise an einer wahren Idee ausgerichteten Subjekts, möglich ist. Ja, das bestätige ich ohne Zögern. Wenn Platon – mein alter Lehrmeister – beharrlich erklärt, dass der Philosoph glücklicher ist als der Tyrann, will er uns sagen, dass derjenige, der an einem Wahrheitsprozess teilhat, und zwar konkret, in vitaler, wirklicher, nicht in abstrakter Weise, der über ein Leben verfügt, das auf seine maximalen Fähigkeiten ausgerichtet ist, ein Leben als freies Subjekt, nicht ein passives oder vernachlässigtes Leben, nun, dass derjenige glücklicher ist als der Genussmensch. Denn bei Platon ist der Tyrann nicht zuvorderst das politische Oberhaupt, sondern er ist derjenige, der alle seine Wünsche befriedigen kann – so wird er definiert.

Was ist das für ein Glück, das die kleinen Vergnügungen übertrifft, die auf dem Warenmarkt zu finden sind? Gibt es denn ein Glück, das größer als diese Vergnügungen ist? Hier haben wir die große Frage der Philosophie. Unsere Gesellschaften, domestiziert durch Kapital und Warenfetischismus, antworten: nein. Doch die Philosophie bemüht sich hartnäckig und von Anfang an, uns glauben zu lassen, dass es am Ende ein Glück gibt, das den kleinen Vergnügen zwar nicht notwendig widerspricht, sie nicht verbietet, das aber dichter und fester, kurz: dem Begehren eines freien Subjekts angemessener wäre, das heißt dem Begehren eines Subjekts, das in einer affirmativen Beziehung zu einigen Wahrheiten steht. Man könnte sagen: Die Warenmarktlogik der begrenzten Vergnügungen, des persönlichen Wohlbefindens, gleicht einem schwachen, zerstreuten Licht, das uns im Schatten der Existenz lässt, mit nur ein paar wenigen Öffnungen oder Spalten, durch die von außen hineingeworfene Helligkeit passieren kann. Die Philosophie spricht aus, dass man diesem freieren, weniger auf Gewinn kalkulierten taghellen Außen viel größere Fenster öffnen könnte. Man könnte, nach der berühmten platonischen Metapher, aus der Höhle heraustreten.

Aber was hat das nun mit Mathematik zu tun?

Aber ja, in dieser Sache kommt, auch wenn es paradox oder sonderbar erscheinen mag, die Mathematik ins Spiel, als eine Art verkleinertes Modell. Sie bildet insofern ein Modell, als in der Mathematik die Beziehung zwischen der Schwierigkeit des Verständnisses – den bisweilen öden Längen des Gedankengangs – und dem Glück des Ergebnisses ziemlich deutlich ist. Man kann es auch so verstehen, dass die anfängliche Beschränktheit diejenige der Grenzen des Individuums ist, das wir sind, während das letztendliche Verstehen dem Subjekt gehört, das wir nunmehr geworden sind und das mit dem Universellen kommuniziert. Das ist wahrnehmbar, als eine Erfahrung, die man selbst machen kann und die direkt die Anstrengung des Denkens, die gerichtete Anstrengung des Denkens, mit dieser Art von Belohnung verkettet, die im Grunde – auch wenn sie universell, sogar absolut, ist – niemandem etwas schuldet außer ihrer eigenen Anstrengung, und die man, wie es Spinoza tut, als „intellektuelle Glückseligkeit“ bezeichnen kann. Das ist natürlich nur ein Modell, das soll nicht heißen: „Treibt alle Mathematik, und ihr werdet viel glücklicher sein als mit all diesen banalen Vergnügungen!“, oder: „Treibt Mathematik Tag und Nacht und alles Übrige lasst liegen!“, ganz und gar nicht. Es bedeutet ganz einfach, dass man hier ein begrenztes, doch überzeugendes Modell der möglichen dialektischen Beziehung hat zwischen der Endlichkeit des Individuums, das sich müht und in die Irre geht, und der Unendlichkeit des Subjekts, das eine universelle Wahrheit erfasst hat.

Zu Beginn unseres Gesprächs haben Sie allerdings daran erinnert, dass Sie in Ihrem philosophischen System vier Wahrheitsverfahren unterscheiden, oder, um es anders zu sagen, vier Wege, ein an der Idee ausgerichtetes Leben zu leben: Neben der Mathematik gibt es noch die Kunst, die Liebe und die Politik. Nun scheinen diese verschiedenen Wege jeweils ganz unterschiedlichen existenziellen Glückserfahrungen zu entsprechen. Inwiefern ist die Mathematik hier die bevorzugte Matrix?

Noch einmal will ich bekräftigen, dass die Mathematik – ganz abgesehen wohlgemerkt von der bedeutenden philosophischen Spannweite, die ihr als Ontologie zukommt – einen Wert als Modell hat, möglicherweise als reduziertes Modell, da sie von nichts weiter abhängt als von der Konzentration des reinen Denkens. Ich behaupte nicht, dass sie an sich eine Art höchstes Glück darstellt. Wenn, wie man zeigen kann, die vier Bedingungen sich im Raum zwischen Mathematik und Dichtung anordnen, dazwischen die anderen Wissenschaften, die Politik, die Liebe und die übrigen Künste, so könnte man selbstverständlich alles Gesagte zur Gänze wiederaufnehmen und versuchen zu sehen, was genau der Unterschied zwischen Mathematik und Poesie in Hinsicht auf das Glück ist, das diese Bedingungen gestatten – das wäre eine andere Vorgehensweise. Zwischen Mathematik und Poesie befinden sich tatsächlich Liebe und Politik. Das heißt letztlich die Kleinstform der Beziehung zum anderen, ihre Urzelle – nämlich die Liebe –, und ihre weiteste Form, nämlich die Beziehung zur Menschheit insgesamt, ein Punkt, der immer das Anliegen der Politik sein sollte, der es jedoch nur in den wirklich kommunistischen Politiken ist.

Die vier Bedingungen sind zunächst unverbunden. Es gibt natürlich Kreuzungspunkte, doch jede von ihnen ist selbständig wirksam, und sie spielen in der philosophischen Besinnung eine jeweils unterschiedliche Rolle. Beispielsweise ist die Liebe die existentielle Matrix des Denkens der Differenz als solcher. Sie ist die Möglichkeit, in der Differenz, nicht in der Indifferenz zu leben, das heißt zu erfahren, dass man sich der Welt vom Gesichtspunkt der Zwei nähern und mit ihr Umgang haben kann, nicht nur vom Gesichtspunkt des Einen. Somit ist die Liebe eine existenzielle Unterweisung in der Dialektik, das heißt in der Fruchtbarkeit der Differenz. Das ist ein Grund, warum es so viel Literatur über das Vermögen der Liebe gibt, sich gerade diesen künstlichen Unterscheidungen zu entziehen und bereitwillig die Identität zu überwinden. Romeo und Julia gehören zwei Gruppen an, die normalerweise absolut getrennt bleiben, die einander hassen sollen; die Liebe Romeos und Julias bildet die im Namen ihrer Differenz geknüpfte Querverbindung – eine Differenz, die schöpferisch sein wird und sich von einer kriminellen Feindseligkeit nicht resorbieren lässt. Daher, direkt inmitten des Unmöglichen und des drohenden Todes, der Liebesmorgen Romeos und Julias, die unerhörte Akzente finden, um ihr Glück zum Ausdruck zu bringen.

Es braucht also keine Verbindung zur Mathematik vorhanden zu sein – allerdings ist die Liebe keineswegs mit ihr inkompatibel: Wenn man, was mir im Laufe meines Lebens mehrmals zuteilwurde, mit einem geliebten Menschen Mathematik treibt, wenn man gemeinsam nach der Lösung desselben schwierigen Problems sucht, nun, dann ist das eine zugleich romantische und mathematische Erfahrung. Wenn man zusammen die Lösung des Problems findet, ist das eine doppelte Freude, bei der man nicht mehr weiß, welcher Tonart sie nun angehört.

Meinen Sie, dass die Mathematik speziell in der Politik ein nützliches Requisit sein kann?

Es gibt keinen offensichtlichen Kreuzungspunkt zwischen Mathematik und Politik. Die Nullstufe der Überschneidung ist die Auszählung der Stimmen am Wahlabend. Gewiss, man muss sich herumschlagen mit Begriffen wie absoluter Mehrheit, qualifizierter Mehrheit, Prozentsatz der Enthaltungen und anderer abzuziehender „weißer" Stimmen, im Unterschied zu den ungültigen Stimmen. Doch letztlich bleibt man sozusagen beim kleinen Einmaleins. Und in meinen Augen ist das, was im eigentlichen Sinn politisch auf dem Spiel steht, fast null – die Gewählten machen, von einigen Details abgesehen, alle dasselbe –, man kann nicht von Wahrheit sprechen, und daher auch nicht von Glück. Es gibt tatsächlich nur das kurze Vergnügen des Wahlsiegers und seiner Gruppe.

Ich denke, wichtig ist die folgende Frage: Hält man es für möglich, in der Politik zu Entscheidungen zu gelangen, die wirklich zu einer vernunftbestimmten Diskussion führen? Kann es so etwas geben? Oder existieren in der Politik letztlich nur Meinungen, wie auch Platon dachte, der versuchte, den Kampf für eine Politik der Wahrheit aufzunehmen? Ich glaube nicht, dass er auf diese Formulierung gekommen ist, doch jedenfalls war das seine Absicht. Zu wissen, was eine wirkliche Argumentation ist, eine Argumentation solcher Art, dass jeder, der ihren Zwischenschritten gefolgt ist, sich ihrer Folgerung anschließen muss (und hierin besteht das besondere Verfahren der Mathematik, ein Verfahren, mit dem sie zu einem in gewisser Weise absoluten Einverständnis gelangt) – nun, das ist von Bedeutung für jedes Gebiet, auf dem man diskutieren muss. Allein die Tatsache zu wissen, dass es Methoden gibt, die erlauben, zu einer soliden Übereinkunft zu gelangen – jedenfalls wenn das Problem in eindeutiger Weise gestellt ist und alle Diskutierenden ein echtes Interesse an seiner Lösung haben –, kann nützlich sein, wenn man in einer schwierigen Situation kollektiv einen positiven Ausweg finden muss. Natürlich ist das keineswegs hinreichend, um eine Politik zu definieren. Doch möglicherweise erlaubt es, die Methoden der Politik neu zu orientieren, Methoden, die oft eine etwas trübe Vermischung von wirklichen gemeinsamen Interessen (allerdings schlecht erklärt oder schlecht dargestellt), imaginären Vorstellungen und einer unzureichenden oder veralteten Symbolik sind. Wenn man darüber hinauskommen will, muss man sich auf eine gemeinsame Norm einigen können, wenn man über die zu treffende Entscheidung diskutiert. Die Mathematiker verfügen, wenn sie ein Problem untersuchen, in der Tat über eine gemeinsame Norm, und eben deshalb werden sie sich über den Beweis einig, oder, wenn er falsch ist, so tun sie dies kund – und auch derjenige, der den Beweis vorgelegt hat, wird zustimmen müssen.

Eine rationale Methode der politischen Diskussion bleibt ein Ideal, auch wenn jeder, der selbst politisch aktiv gewesen ist, weiß, dass es insbesondere im Arbeitermilieu Versammlungen geben kann, die gerade deshalb Begeisterung hervorrufen, weil die Schlussfolgerung, die energische und einigende Losung, Ergebnis eines langen und sehr wirksamen Prozesses war – und dieser glückliche Fund ist ein wahrhaft kollektives Glück. Auf einer sehr allgemeinen Ebene könnte man die Frage so formulieren: Ist der politische Diskurs definitiv dazu verurteilt, bloße Rhetorik zu sein? Die Sophisten denken, dass dies zutrifft, dass der politische Diskurs eine siegreiche Rhetorik ist. Wir finden unsere guten alten Gegenspieler aus dem vierten Jahrhundert v. Chr. wieder. Die Sophisten trieben die Menschen dazu an, siegreich Reden zu halten, unabhängig von ihren persönlichen Überzeugungen und ohne Rücksicht auf irgendeine „Wahrheit".

Leider ist die Rhetorik die politische Sprache von heute. Es ist eine Rhetorik des Versprechens, das nicht gehalten wird, eine Rhetorik des undurchführbaren Programms, eine Rhetorik der erfundenen Notwendigkeit. Unter der Decke dieser Rhetorik werden so manche Entscheidungen getroffen, bei Zusammenkünften, die im Allgemeinen geheim sind oder so formatiert, dass sie zu dem erwünschten Ergebnis führen, im Dienst einer Reihe von Interessen, deren Macht nichts entgegenzuhalten ist. Bisweilen kommt es sogar vor, dass die Rhetorik zu einem verhängnisvollen Beschluss führt, verhängnisvoll auch für jene, die ihn vorschlagen. Die parlamentarische

Politik, trügerischerweise als „demokratisch“ bezeichnet, ist ein Universum, das von einem Gemisch kaum expliziter Interessen, oft vulgärer und sogar gehässiger Affekte, falschen Wissens und irrationaler Rhetorik beherrscht wird.

Wenn ich, wie sie vorschlagen, auch auf diesem Gebiet ein Lob der Mathematik aussprechen soll, so würde ich sagen: Durch die nachhaltige und dauerhafte Einübung einer wahren diskursiven Rationalität kann man sich möglicherweise einer verführerischen, in Wahrheit inhaltslosen Rhetorik, der man ausgesetzt ist, entziehen oder ihre Wirkung abschwächen. Daher meine ich, dass mit Hilfe eines vollkommen umgestalteten Bildungswesens bis zum Alter von 20 Jahren jeder umfassende Kenntnisse der modernen Mathematik erwerben sollte, sodass er oder sie sich die jüngsten Errungenschaften dieser Wissenschaft aneignen und sich ihr aus freiem Willen zuwenden kann, ohne dabei durch Unwissenheit behindert zu werden, die noch dazu häufig dem Fehlen einer phantomhaften Neigung zugeschrieben wird. Denn die Mathematik bietet Übungen, die einer diskursiven Rationalität angemessen sind, welche es erlaubt, sich bei schwierigen Entscheidungen einig zu werden.

Im Grunde ist die Mathematik die überzeugendste der menschlichen Erfindungen, um das einzuüben, was Schlüssel zu jedem kollektiven Fortschritt wie auch zu jedem persönlichen Glück ist: unsere Grenzen zu vergessen, um strahlend hell an die Universalität des Wahren zu rühren.

Zuletzt bietet die Mathematik uns Ihrer Auffassung nach die Möglichkeit, in aller Reinheit und Einfachheit eine subjektive Beziehung zur Wahrheit zu erfahren. Macht eben das sie zu einer Schule des „wahren Lebens" in anderen Daseinsbereichen, wie der Liebe oder der Politik?

Genau das. Die Einfachheit der Mathematik, ihre Nacktheit, ihre Kompromisslosigkeit gegenüber dem Mittelmaß der Dinge und dem Magma der Meinungen, all dies richtet Denken und Dasein derjenigen, die sich eine Zeitlang mit ihr beschäftigen, in Richtung auf das „wahre Leben" hin aus. Beachten Sie das Paradox: Die meisten Menschen bringen als Einwand gegen die Mathematik ihre Komplexität vor – und das Fehlen einer offensichtlichen existenziellen Bedeutung. Doch im Gegenteil, gerade die Einfachheit der Mathematik, die Tatsache, dass sie eindeutig (ohne Doppelsinn oder kalkulierte Täuschung) ist, nichts versteckt oder im Dunkeln hält, sollte unsere Bewunderung hervorrufen. Und ihre Gleichgültigkeit gegen die herrschenden Meinungen ist ein Freiheitsmodell. In diesem Sinn stimme ich zu: In der Politik oder der Liebe zu einer vergleichbaren Einfachheit und Universalität zu gelangen, wäre als Lebensideal durchaus annehmbar.

Schluss

In Ihrem Lob der Mathematik haben Sie deren Bedeutung nicht nur für den Philosophen, sondern auch für einen jeden hervorgehoben, der das anstrebt, was Sie „wahres Leben" nennen. Dies fordert nun allerdings eine letzte, ziemlich maßgebliche Frage heraus: Wie bringt man die Menschen dazu, die Mathematik zu entdecken – oder wiederzuentdecken –, und vor allem, sie zu lieben?

Damit nun stellen Sie mir eine Frage, für die ich sehr empfänglich bin. Ich denke, dass die Art und Weise, wie die Mathematik im Gesamtkörper des Erziehungswesens funktioniert, nicht das ist, was sie sein sollte, und vielleicht noch nie genau das gewesen ist, was sie sein könnte. Der Grund dafür ist folgender: Wenn man Mathematik unterrichtet, muss man als Erstes erfolgreich die Überzeugung herstellen, dass sie interessant ist. Man darf nicht sagen: „Hier ist Wissen, lernt mir das, und damit hat sich's". Damit kann man äußerstenfalls das Allerdringendste abdecken, wenn man zum Beispiel Kindern die Multiplikationstafeln beibringt. Das ist gewissermaßen bloß eine Pragmatik des Zählens. Wenn es aber um wirkliche Mathematik geht, die einen mit ebenso wichtigen wie komplexen Fragen konfrontiert, dann muss man, wie ich bereits in Hinblick auf die Vermittlung jeden beliebigen Wissens gesagt habe, den Eindruck erzeugen, dass die Sache interessant ist.

Wie also bringt man diesen Eindruck hervor? Der Angelpunkt ist das Konzept der Problemlösung. Ich bin überzeugt, dass bei einem Kind, auch wenn es noch sehr jung ist, Interesse an der Vorstellung geweckt werden kann, ein Problem zu lösen. Kinder nämlich lieben von Natur aus Rätsel, sie sind neugierig, sie entdecken gern Dinge, die sie nie zuvor gesehen haben. Alles sollte um diese Enthüllung, dieses zu lösende Geheimnis herum organisiert werden. Die Pädagogik müsste sich unbedingt auf diese Aufgabe konzentrieren: bei Kindern, bei Jugendlichen und schließlich bei jedermann das Gefühl zu erzeugen, dass das Außergewöhnliche an der Mathematik die Tatsache ist, dass in manchmal überraschender und unerwarteter Weise Rätsel gelöst werden, deren Wortlaut vollkommen klar und präzise ist, die indes nichtsdestoweniger wirkliche Rätsel sind. In dieser Hinsicht braucht man nicht zu zögern, sich in die Welt des Spiels zu begeben; schließlich ist das Lösen von Problemen auch eine Grundlage des Spiels. Das schließt nicht unbedingt eine spielerische Auffassung der Mathematik mit ein, doch es erweckt ein Interesse. Man findet übrigens in einigen Zeitungen mathematische Rätsel, und ich glaube nicht, dass man diesen Zugang geringachten sollte, so wie es im Übrigen ebenso wenig klug ist, Kreuzworträtsel zu kritisieren, die zugleich Rechtschreibung wie auch eine relativ feine Semantik lehren.

Unter den Methoden, die Überzeugung herzustellen, dass die Sache interessant ist, kann man sich außerdem auf zwei Punkte stützen, die der Mathematik äußerlich sind.

Zunächst die Geschichte der Mathematik, die man in lebendiger, anschaulicher Weise erzählen müsste, nicht indem man sich an eine systematische und langweilige Darstellung der Ergebnisse hält – sich nicht einfach an die Ergebnisse hält, nicht einmal vorrangig an diese, sondern an das Interesse der Sache als einem Rätsel, das nach zahlreichen Wechselfällen endlich gelöst wurde. Es ist aufregend zu verstehen, wie und warum ein kleines griechisches Theorem entdeckt wurde, unter welchen Umständen, wozu es diente, was später aus ihm wurde, wie es die Philosophen kommentiert haben … Etwa das berühmte Beispiel, das Platon im *Menon* benutzte: Wie konstruiert man ein Quadrat, dessen Fläche doppelt so groß ist wie die eines vorhandenen Quadrats? Das könnte ein Problem aus einem Konflikt zwischen Bauern sein, eine Geschichte von Ackerflächen. In dem Dialog legt Sokrates dieses Problem einem Sklaven vor, der zufällig in der Nähe ist. Und er kann zeigen, dass der Sklave nach einigem Herantasten durchaus imstande ist, die Beweisführung zu verstehen, die etabliert, dass das Quadrat, das die Fläche eines Quadrats ABCD verdoppelt, jenes Quadrat ist, dessen Seite die Diagonale des ersten Quadrats ist, sagen wir AC. Tatsächlich wird dies ersichtlich, sobald man eine Skizze anfertigt, sobald man das Quadrat auf die Diagonale zeichnet. Doch was hinter diesem intuitiven Verständnis des Problems durch den Sklaven steht, ist in Wirklichkeit äußerst subtil und verstörend. Tatsächlich ist die Fläche eines Quadrats, wie jedermann leicht verstehen wird, das Produkt zweier seiner Seiten. Angenommen, die Länge der Seiten des ersten Quadrats ABCD ist 1 (zum Beispiel 1 Meter). Seine Fläche wird 1 x 1, also 1 (Quadratmeter) sein. Die Fläche des zweiten, auf der Diagonalen AC errichteten Quadrats wird, wie die Abbildung zeigt, doppelt so groß, also 2 (Quadratmeter) sein. Welche Länge hat nun also die Seite des zweiten Quadrats, die Diagonale AC? Das Verhältnis der beiden Flächen ist klar, 2/1, also 2. In welchem Verhältnis aber stehen die beiden Seiten? Wenden wir den Satz des Pythagoras auf das rechtwinklige Dreieck ABC an. Wir haben $AB^2 + BC^2 = AC^2$. Und da $AB = BC = 1$, hat man $1^2 + 1^2 = AC^2$. Das heißt $1 + 1 = AC^2$ oder $2 = AC^2$. Die Länge der Diagonalen AC muss also eine Zahl sein, deren Quadrat 2 beträgt. Das nennt man heute die „Quadratwurzel von 2". Das Unglück ist nur, dass diese Zahl keine ganze Zahl ist, nicht einmal eine rationale Zahl, das heißt das Verhältnis zweier ganzer Zahlen, auch Bruch genannt. Für die Griechen, die tatsächlich keine anderen Zahlen kannten als ganze Zahlen und ihre Verhältnisse, existierte die Abmessung dieser Diagonale, unsere moderne Wurzel von 2, nicht. Als Spur davon ist geblieben, dass Zahlen dieser Art auch heute noch „irrational" genannt werden. Somit eröffnet das kleine geometrische Problem „ein Quadrat zu konstruieren, dessen Fläche doppelt so groß ist wie die eines vorhandenen Quadrats", dessen Lösung intuitiv ist, einen arithmetischen Abgrund, der die griechischen Mathematiker drei Jahrhunderte lang beschäftigen wird und bis heute Probleme erheblichen Schwierigkeitsgrads hinsichtlich der sogenannten irrationalen Zahlen aufwirft. Daher gehört die Geschichte solcher Probleme, ihre Kommentierung, die Schwierigkeit ihrer Lösung, meiner Auffassung nach zur Pädagogik der Mathematik.

Das Zweite, worauf man sich neben der Geschichte der Mathematik noch stützen kann, wäre es, sich mit Philosophie zu wappnen. Denn schließlich besteht das Interessante an der Mathematik auch darin, danach zu fragen, was die Mathematik ist. Diese Frage ist, wie wir gesehen haben, im eigentlichen Sinn philosophisch, an keinem anderen Ort setzt man sich mit ihr auseinander.

Deshalb meine ich, dass man Philosophie in Wirklichkeit schon vom Kindergarten an unterrichten sollte. Man weiß, dass dreijährige Kinder als Metaphysiker den Achtzehnjährigen deutlich überlegen sind, weil sie sich alle Fragen der Metaphysik stellen. Was ist die Natur? Was ist der Tod? Was ist der andere? Warum gibt es zwei Geschlechter und nicht drei? Das alles bildet bereits ein Spielfeld vorphilosophischer Untersuchung. So wie ich glaube, dass sich große Teile der elementaren Mathematik durch Geschichtenerzählen und das Lösen spielerischer Rätsel erlernen lassen, so meine ich, dass auch die höchste Philosophie in dieser Sache verpflichtet ist. Es ist wirklich schade, dass man erst in der Abschlussklasse in sehr mühseliger Weise mit ihr beginnt. Es hat insbesondere von Seiten meines leider verstorbenen Kollegen Jacques Derrida tatkräftige Bemühungen gegeben, sie versuchsweise schon eine oder zwei Klassen früher einzuführen. Leider sind wir keinen Zoll vorwärtsgekommen. Die Philosophie bleibt eine auch in den Abschlussklassen bedrohte Disziplin, und die Mathematik ein lästiger Faktor sozialer Selektion. Ich für meinen Teil würde für beides das letzte Kindergartenjahr vorschlagen: Fünfjährige Kinder wüssten die Metaphysik des Unendlichen sicherlich ebenso gut zu nutzen wie die Mengenlehre!

Anmerkungen des Übersetzers

1 Des französischen Schulsystems, also im Alter von ca. 14 bis 15 Jahren.

2 Im französischen Original gibt Badiou dieses Sartre-Zitat verkehrt wieder (die Wissenschaft als Einschussloch, die Moral als Spreu), was im Kontext unsinnig ist und ein bloßes Versehen sein dürfte.